領導力的金鑰

九型人格的

管理地圖

洞悉多元性格
實現精準管理
⟶

探索九型人格，
開啟管理新視角
深入分析不同人格，
提升團隊效能

汪華健 著

結合案例，實踐人格配對管理
針對性策略，提高溝通與領導力
管理實踐與未來趨勢的完美結合

目錄

目錄

序言　洞悉人性，掌握用人之道

　　學會和掌握九型人格，是從心靈深處洞悉管理祕密、高效提升領導力的關鍵之道。企業管理的核心，無非是將合適的人，放到合適的職位上，組建一支經得起風吹浪打的隊伍，在拜金思潮瀰漫的社會，讓經濟效益不斷成長。市場是一隻「看不見的手」，左右著社會經濟的執行，九型人格是一隻「看不見的手」，左右著每個人的動機和行為，決定著企業管理者、員工的管理方式和行為方式。例如，一家企業的主管開會，共有 9 位下屬參加，他們分別是九型人格中的 9 種人格。事實上，任何主管開會，坐在下面的一定是九型人格中的一種或多種。這時，主管提出了一個新方案請各位下屬表態，是支持，是反對，有什麼不同的意見，可以提出來，再充分完善。但是，9 位下屬拿到方案後，卻發生了如下的戲劇化反應。

　　1 號下屬眉頭緊鎖，瞄了下方案中有沒有違反公司規定和制度的地方，發現一切符合規範、標準，連錯別字都沒有，隨即滿意地舉起了手。

　　2 號下屬將方案放在一邊，看了看上司的反應，發現上司對他充滿期待的微笑後，毫不猶豫地舉手贊成。

　　3 號下屬仔細研究後，發現非常有利於自己的個人目標，於是果斷地舉起了手。

　　4 號下屬欣賞了一下封面設計，感覺方案整體感覺不錯，他今天心情很不錯，似乎看什麼都順眼，於是優雅地舉起了手。

5 號下屬首先關注那些實證數據，研究其實施是否有足夠的依據，找到確鑿的實證依據後，慢慢地舉起了手。

6 號下屬仔細審視風險，看看風險因素是不是很多，最後覺得不確定因素不太多，剛要舉起的手又放下了，再看了下，才最終舉起了手。

7 號下屬發現這是個前所未有的創意，不落俗套，感到非常新奇和期待，於是迅速地舉起了手。

8 號下屬看了看自己的權利有沒有受到削弱，以及自己提出的建議有沒有在方案裡展現出來，確定不損害自己的權利且方案充分展現了自己的建議後，手一揮，很大氣地舉了手。

9 號下屬拿到方案後，看得糊里糊塗，快打瞌睡了，發現大家都舉手了，就舉了手。

上面只是將九型人格理想化抽象後的一個虛擬故事，並不反映 9 種人格的精確模式，但它給管理者們一個提醒：同一份方案擺在不同人面前，最後同樣都是舉手贊成，但中間的過程卻千差萬別。領導力是什麼，怎麼提高領導力？什麼左右著下屬對資訊的選擇性過濾？什麼讓員工的做事風格大相逕庭？

杜拉克基金會對領導力的定義是：「掌握組織的使命及動員人們圍繞這個使命奮鬥的一種能力。」美國前國務卿季辛吉（Henry Kissinger）說：「領導就是要帶領他的人們，從他們現在的地方，去還沒有去過的地方」。具體而言，領導力是指在管轄的範圍內充分地利用人力和客觀條件，再以最小的成本辦成所需的事，提高整個團體的辦事效率。作為管理者最重要的能力，領導力的核心是如何識人和用人。領導力與組織發展密不可分，因此常常將領導力和組織發展放在一起。

性格決定著職工的做事方式，決定著管理者的領導方式。同樣的一

件事情，每個人員採取的態度會不同，同樣的市場事件發生時，每個領導者採取的處理方式也不同，有的快速，有的緩慢，有的曖昧，有的明朗，說到底，這一切的差別都是因為人們擁有不同的性格造成的。無論是專制型，還是民主型，無論是歸約型，還是放任型，其決定因素都是性格的差異。

人們出生以後，會受到先天因素和後天因素的持續影響，性格得以沉澱，最終以一種相對穩定的狀態陪伴其一生。由於先天因素的強大慣性，一個人的性格一旦形成，就會牢牢地控制他的思維。但性格不是一成不變的，經過科學合理的理解和疏導，性格是可以再造和重塑的。

9種性格作為每個個體的一種固有屬性，反應的正是主觀個體對於客觀環境的反應方式，或者說是反應傾向。當把九型人格用於管理學時，就會發現，了解用人等的一切領導方式、核心和關鍵行為，都是性格的直觀表現。

作為風行世界的管理理論，九型人格核心是如何了解自己和了解他人，在這一點上和領導力的提升是完全一致的。它是一種關於性格類型的革命性理論，一種深層次洞悉他人和自己的經典心理系統，它是深層次了解人的方法和學問，它可以讓管理者做到知己知彼，發揮自己、員工和團隊的長處。

尤其是如何組建團隊，如何在團隊中擴大自己的影響力等問題，對領導力至關重要。其實，所有問題的核心就是評估一個人的性格特徵，找到其在團隊中的最合適位置。九型人格所揭示的職場溝通能力、團隊高效能合作能力、隨時掌控變化等，這些也正是作為卓越的領導者、高效的管理者所必須具備的。

書中主要運用九型人格去辨識員工、管理員工和組建團隊，透過辨

識員工的人格和角色類型，將員工分配到合適的職位上面去，達到最佳的人力資源配置，解決管理者實際管理過程中出現的問題。

九型人格告訴我們，每一種人格類型都有其至關重要的獨特發展通道，揭開它才能找到自我提升的鑰匙。這個古老的認知體系，深刻地洞察了人們思想、感覺、行為的不同方式，它們代表不同的世界觀，都與人類的思想方式、感覺以及採取的行動直接相關。

九型人格不但可以用於識人用人，還可以用於育人。一個企業要長遠發展，一個管理者要想自己的事業青春之樹長青，必須真正做到選、用、留、育好企業的人才，了解企業所需要的人才所應具備的才能和技藝。

走在這條領導力的道路上，如果不了解自己，不了解員工，就會面臨更多的曲折和挑戰。不是只有管理者才需要領導力的全面提高，可以說每個職場人士，都渴求成為一名卓越的領導者。即便你今天只是一個小兵，學習九型人格識人用人的技巧，也可以為全面的職場發展提供強大的助推力。

更為重要的是書中提供了一種很有實際效用的管理思想，它集指導性、靈活性、創造性於一身。充分地運用它，就能多一分自我認知與認同，就會少一分摩擦，在組織生活和管理中，就可以把不必要的損耗減少到最低。

本書共分 11 章。第 1 章講述九型人格理論的起源和基本內容；第 2 章講述理性辨識 9 種人格的問卷和辨識團隊中的角色類型的問卷，以及人格與角色的最佳匹配方法；第 3 章至第 11 章分別講述 1 號員工至 9 號員工的辨識、使用、管理和團隊組合的技巧和方法，每章計劃用 2 至 4 個案例作為說明，使內容更加豐富和有趣。

需要特別提醒的是，九型人格是一幅幫助我們把視角往深處探索的人性地圖，其根本意義還是「以人為本」。九型人格是一門實踐智慧，不可迷信測試結果或書本教條，如游泳、開車一樣，需要反覆「下水」、練習體驗才能得其精髓，切忌將其片面的刻板化、教條化。只有穿越複雜微妙的表象，洞察本質，靈活應用，才能為開啟決策心理過程這個「黑箱」找到一把系統化的鑰匙，提升決策水準。

第一章

解碼九型人格在管理時的運用

第一節
管理團隊的核心課題是什麼

你想帶領一個團隊所向披靡、團結打天下嗎？經營好一個企業，做一個成功的老闆，談何容易！不管是大公司還是小公司，一定會遇到員工的管理問題，從不需要管理到需要管理，這是企業發展的一個轉折點，是企業可持續發展的必然。面對複雜的員工管理問題，很多老闆只能嘆息：「作為一個上司，我很關愛我的下屬，可是為什麼他們卻不領情？」「員工的執行力差，總有些人不服從管理，我行我素，我就沒轍？」「我的公司成立很多年了，規模保持一百多人，但業績總是無法提升？」「公司待遇提高了，福利變好了，但就是留不住人，招人也很麻煩！」

老闆是什麼？老闆是這個世界上最孤獨的英雄！有些人遇到狀況還可以跟別人去講，作為老闆跟誰講？回到自己家裡跟父母講？父母老了。跟太太講？理解還好，不理解，問題更嚴重。跟員工講？更不可能，思維的頻率根本沒在一個頻道上。所有的痛苦、所有的心酸只能夠一個人默默去承受。

俄國大文豪屠格涅夫（Ivan Sergeevich Turgenev）說：「性格即命運。」員工管理的鑽石法則 ──「用適合別人性格和需求的方式對應他人。」性格是暗自牽引你的命運之線，在相當程度上決定人的一生，包括事業成敗、人際關係、生活品質、家庭幸福乃至身體健康。

其實，員工管理問題的核心，說到根本就是員工的個人人格問題，在於如何有效地管理你的員工，如何提高團隊的執行力，如何讓你的業績實現倍增，如何吸引更多的人才，如何提升自己的人格魅力。身為一

個老闆和企業的管理者，最好的投資就是投資自己，讓自己掌握先進的員工管理模式，明確策略性人力資源管理的優勢，學會識人、選人、用人、建團隊，讓公司找到合適的人才並留住人才。

什麼樣的人具有什麼樣的特點？什麼樣的人適合做什麼樣的事？把什麼樣的人安排到什麼職位上最合適？組建團隊的時候應該注意什麼？最理想的團隊模式是什麼樣子？想要了解這些東西，最簡單的方法，就是九型人格裡面。

九型人格是什麼？九型人格是一把破譯性格密碼的鑰匙，也是一個有效的企業管理的工具，它能幫助管理者深入地了解自己和員工的性格特徵，正確評估自己的優勢與弱勢，準確地判斷和掌握員工的長處和短處，建立更加有效的企業管理制度、良好的溝通方式、先進的企業文化、融洽的合作關係，如圖 1-1 所示。

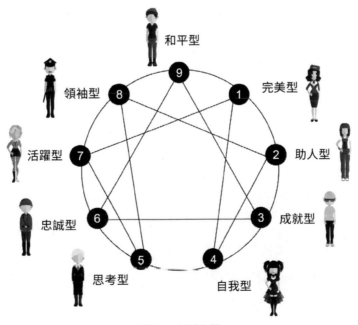

圖 1-1 九型人格

第一章
解碼九型人格在管理時的運用

　　想管理好員工，先要從了解自己與了解別人開始。九型人格是一種性格定位術。九型人格也稱為九型性格形態學，它是應用心理學上的一個分支，它按照人們慣性的思維模式、情緒反應和行為習慣等性格特質，將人分為 9 種，是一種精妙的性格分析工具，主要為個人修養、自我提升和歷練提供更深入的洞察力，是非常有效的認知類工具。當古老神祕的智慧遇上現代心理學，改變一生的祕密就在其中，你不能不知道。

　　九型人格大概起源於西元前 2500 多年或者更早，相傳它發源於蘇菲教派，用於教眾的自我了解和靈性提升，數千年來一直都是以祕密的方式流傳。九型人格帶有一定的神祕宗教色彩，而它的奧妙之處是每一個前去請求靈性教師解決困擾的人，都得到非常滿意的解答。

　　九型人格發展史上有三位有名的奇人，在他們的帶動和影響下，九型人格逐漸被世人熟知。葛吉夫（G.I. Gurdjieff）是三個奇人的頭一個，他是生於希臘的亞美尼亞人，他提出每種性格都有其中心的執著與障礙，要透過對性格狀況的更為深入的理解，踏上「覺醒」之路。第二個奇人，是玻利維亞裔神祕主義者奧斯卡·伊茲查洛（Oscar Ichazo），生於西元 1931 年。伊茲查洛參考各種古老學說，提出了性格論、類型論，最後形成我們今天所知的九型人格的模板。第三位奇人是克勞帝歐·那朗荷（Claudio Naranjo），他用盡其一切經驗，對葛吉夫學說進行了精神分析、性格分類，他嘗試把九型人格的各個部分與其他心理類型學的型格配對。

　　西元 1970 年，美國的艾瑞卡學院正式成立，許多知名的心理學家、精神病學家都曾跟隨奧斯卡·伊茲查洛學習九型人格學，九型人格開始得到廣泛傳播，逐漸應用到其他很多領域，傳播到很多國家。

九型人格在現代生活中的應用範圍也越來越廣，九型人格已經風靡全球 180 多個國家，成為全球管理的潮流，覆蓋心靈成長、性格分析、人際溝通、團隊管理、兩性關係、子女教育等各方面。近十幾年來，九型人格管理學備受美國史丹佛等國際著名大學 MBA 學員推崇，風行歐美學術界及工商界，被廣泛運用到製造業、服務業、金融業等多個領域，蘋果、微軟、Google、惠普、可口可樂等世界 500 強企業的管理層，均研習了九型人格，並以此建立團隊，培訓員工，提高執行力。

九型人格為管理者的自我提升、歷練提供深入的洞察力，讓人真正地知己知彼，從而完全接納自己的短處，發揮自己的長處；讓管理者明白不同員工的個性類型，從而懂得如何與不同的人交往，怎麼根據不同員工的特點進行分類管理，建立和諧的上下級關係。

九型人格能穿透員工表面的喜怒哀樂，進入他們最隱祕的心靈的深處，發現最真實、最根本的需求和渴望，幫助管理者洞察身邊人的真實想法，有效地應對管理問題。毫不誇張地說，九型人格是一張詳盡描繪人類性格特徵的「活地圖」，是管理者提升自己、管理員工的一把「金鑰匙」！

▶ 九型人格可以應用在哪些領域

自我認知 —— 向領導者提供一種自我認知的工具，挖掘自己生命中最深的最核心的本質，從而活出真我，有方向地自我改善、自我整合、自我超越，提升自已的管理素養。

提升領導魅力 —— 幫助領導者快速洞察下屬內心願望，準確找到部門人事癥結，清楚影響控制障礙，挖掘內在潛力，積極引導，打造團隊凝聚力，發揮下屬的能動性，形成良性競爭，使企業團隊健康發展。

第一章
解碼九型人格在管理時的運用

　　有效管理團隊 —— 能有效了解員工的情緒與行為，了解人際關係衝突的根源，懂得如何引導及管理團隊，將不同性格的人科學合理地組織到一起，達到組織人際關係的和諧，提升領導管控力。

　　激發員工潛能 —— 幫助企業領導迅速洞察員工的風格和團隊的動力，為不同類型的員工提供相應有效的支持環境，改善管理方式，完善激勵措施，最大限度地激發潛能，各展所長，人盡其才。

　　應徵選拔的科學工具 —— 了解不同性格的基本特質及深層價值取向，不同性格與之匹配的職位及工作環境，九型是適用於企業應徵、任免、選拔、職業生涯規劃及就業指導的科學而先進的工具。

　　提升銷售業績 —— 了解與 9 種不同性格的員工高效溝通的技巧，提高人際溝通的效率，提升銷售業績。

　　……

　　學習選擇九型人格的原因有兩個顯著特徵：一是實用，二是深刻。這也是九型人格管理區別於其他管理方式的最大特點。實用是因為九型人格即使不系統掌握，只需要 1 至 2 天的了解就可以簡單應用，深刻則是因為九型人格關注的是人們的深層價值觀和內在注意力焦點。九型人格的探索人性的視角是直擊人性冰山的底層的，它並不滿足於人的行為或情緒的表面劃分，不拘泥於諸如內向外向，強勢弱勢、行動快慢、性格急慢、脾氣溫和或暴躁這些表面的特徵，而是把視角往下，透過現象看本質。

　　根據九型人格，管理者只要認清員工屬於哪一種人格類型，透過學習九型人格管理學，就能突破員工自身的局限，發揮員工自身的優勢，將不同的人放到不同的職位上，組建高效的團隊，讓自己的管理方式更加科學有效。學會九型人格管理學，管理者不但能提升自己、管理與掌握身邊所有的人，更能提高企業的業績！

　　九型人格所啟示的人格管理是企業以人為本的經典方式。企業管理的關鍵在於準確地識人，而識人的關鍵又在於辨識人的根本的深層的一些東西。深刻而實用的九型人格對企業管理來說具有十分重要的意義，只有當「以人為本」落地開花，企業才能夠真正獲得「人本」的力量，並轉化為切實有效的生產力！

第二節
初探員工人格的基本分類

素養、高效、精幹、穩定的隊伍。

▶ 一、每個人既是天使,也是魔鬼

天使代表積極正面,是人性的光輝;魔鬼代表消極負面,是人性的弱點。認識一個人既要認識他的優點,也要認識他的缺點。大部分人都願意面對天使的一面,而不願意面對魔鬼的一面。使用一個人,既要使用他的長處,也要規避他的短處。

需求層次原理講到,每個人都有五大需求。我們需要透過自我了解、自我接受、自我肯定、自我呈現,從而達到自我實現的目的。我們每個人都是獨特的個體,而每個個體就像是一顆洋蔥,有著層層包裹中的本我。

每個人就好像一顆洋蔥,剝到最後發現本我層面可能沒有多大的差別,但在一層層的包裹之後,我們又會呈現出千姿百態的面貌。過去,我們總是透過最表層的行為來判斷一個人。現在,我們要剝開自己,尋找最本真的自我;剝開他人,更清楚地認識他們。

九型人格就是剝洋蔥的工具,它是根據一個人行事的最初動機來判斷他的性格號碼的,這裡的最初動機包括基本欲望和基本恐懼。如前所述,一個人有什麼樣的價值觀就會有什麼樣的動機;有什麼樣的欲望就會有什麼樣的恐懼。所以,掌握一個人行事的動機是很重要的,它是我們決策的依據。

▶ 二、九型人格和其他性格學的差異

九型人格與其他性格學說的區別在哪裡？廣為人知的性格學說有星座與性格、屬相與性格、血型與性格、色彩與性格、數字與性格等，九型人格性格學說與這些性格分類都有所不同。九型人格與當今各種性格分類法的最大區別在於，九型性格揭示了人們內在最深層的價值觀和注意力焦點，它不受表面的外在行為的變化所影響。

1. 深入觀察發現「我是誰」；

2. 你的思維模式及怎樣影響你的決策；

3. 你的價值取向及怎樣影響你的事業；

4. 你的情緒反應及怎樣影響你的人際關係；

5. 你的行為方式及怎樣影響你成長；

6. 你個性的優勢與局限；

7. 你在事業發展中的個性障礙及突破的方向；

8. 你在人際關係中的個性衝突及改善的技巧；

9. 你在親密關係中的個性困擾及解決的方法。

九型人格學說其實就是建立在這些感受上面：生活在社會中的我們都會擁有其中一種感受，把它當成大腦的「過濾器」，從而把我們的一生的成長路線和注意力都隱藏在心底，默默地保護著我們的本質，捍衛著從呱呱墜地起就已經存在的神性。

九型人格就是建立在研究這種「內在神性」的基礎上：雖然人格會隨著成長共同發展，但我們的本質始終不會改變，反而會從自我救助出發點不斷修改外形，直到形成一個屬於自我的意識，從這個意識中出發而來的觀點都帶有強烈的主觀色彩，不但影響了我們的價值觀和世界

觀，也會直接影響人的本體，成為自身行動的基礎。

所以九型人格與其他性格學最大的不同就在於把立足點直接建立在了人的性格本質上，把性格與人的一切社會行為和自然行為有機地結合起來，相信性格能給予的力量和對人自身的誠意。這是與其他通過與某個概念實體橋接而衍生的性格分類方法的最大不同。

其他的性格學在分類上都比較注重人外在的行為特徵，也就是十分關注表象。九型人格傾向於從差異入手去探究最本質的人格，不借助外部物質，也不偏重來自個人感官的資訊，因為九型人格始終相信：人的核心價值觀永遠不會改變。

▶ 三、9 種人格的基本特徵

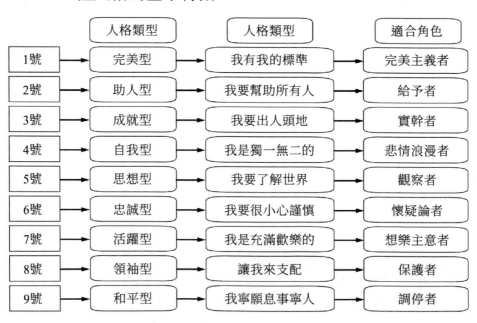

圖 1-2 你的員工屬於哪一類型

在 9 種人格類型裡面，每個人都擁有 9 種人格，編號從 1 至 9，分別是 1 號完美型，2 號助人型，3 號成就型，4 號自我型，5 號思想型，6 號忠誠型，7 號活躍型，8 號領袖型，9 號和平型，這 9 種人格類型被稱為人的「基本人格類型」，如圖 1-2 所示。

- 完美型：重原則，不易妥協，黑白分明，對自己和別人均要求高，追求完美。

- 助人型：渴望與別人建立良好關係，以人為本，樂於遷就他人。

- 成就型：好勝心強，以成就去衡量自己價值的高低，是一名工作狂。

- 自我型：情緒化，懼怕被人拒絕，覺得別人不理解自己，我行我素。

- 思想型：喜歡思考分析，求知欲強，但缺乏行動，對物質生活要求不高。

- 忠誠型：做事小心謹慎，不易相信別人，多疑慮，喜歡群體生活，盡心盡力工作。

- 活躍型：樂觀，喜新鮮感，愛趕潮流，不喜歡承受壓力。

- 領袖型：追求權力，講求實力，不靠他人，有正義感。

- 和平型：須花長時間做決策，怕紛爭，難於拒絕他人，祈求和諧相處。

基本人格類型有如下幾個特點，這些特點對於真正理解並運用九型人格有非常重要的作用。

1. 一個人的基本人格類型不會改變。這一點至關重要，每個人都是獨一無二的，即使在某時、某地在行為層面有所改變，但是基本人格類型卻不會改變，只是透過一定的整合和解離，變得更優秀或更差。

2. 「男女平等」，9 種人格型態普遍適用於男性與女性。九型人格類型是從出生一直到成長，就存在的，是人性本身賦予的，不存在不適應的情況。

3. 對某一種人格型態的描述，並不適用於某一個人。每個人都會處於健康狀態、一般狀態、不健康狀態的某一點。如果你正處於不健康狀態，那麼其他兩種狀態的描述便不適合於你。也就是說人是發展和動態的，不是靜止的。

4. 每種類型都是平等的，不存在優劣好壞之分。以數字 1 至 9 來標明人格型態的原因是，數字是中性的、不偏不倚、不帶任何色彩的標記。

5. 每一種人格類型都有其限制，但同時也都有其特長。沒有哪一種人格型態比其他種型態優越，重要的是發揮自己人格類型的特長，並完善人格的不足之處。

　　另外，在我們學習、掌握九型人格過程中，要注意別把九型人格當作茶餘飯後的話題或者飯桌上的遊戲；接受自己及他人都是不完美的，善待自己的人格，找到整合及修練方向，觀察自己，寬厚、包容待人；別把自己屬於幾號當作不進步的藉口。

▶ 四、九型性格能量卡

　　每個人的身上都存在有正負兩種能量，就如太極圖上的陰陽兩面，它們必須是並存並生的，不能有所偏頗，否則將因失去平衡而亂象叢生。九型人格可以借助所使用的因素，讓人察覺自己的盲點與優點。關於性格能量可以分為身中心、心中心和腦中心。

1. 身中心的人格類型特點（1、8、9）

他們知道適者生存的道理，所以兢兢業業，知道失敗為成功之母，所以腳踏實地。他們了解如何在場合中掌握到權利和影響力，有著無窮的精力和控制力。他們對自己有期許，對生命也有些要求，有時讓人感到招架不住。只要下了決心，就勇往直前，有時讓人畏懼。

2. 心中心的人格類型特點（2、3、4）

非常在乎與人的相處，關心別人。用交情、感覺、感受去過日子。希望每個人都能懂、能喜歡自己的任何所作所為。一輩子只注重人際關係，對別人也有很高的敏感度，會去響應別人的需要。心中心的人也愛新鮮刺激，甚至有一些小小的奢侈，並藉此來豐富自己的情感生活。

3. 腦中心的人格類型特點（5、6、7）

實事求是，喜歡分析和思考。覺得知識淵博很重要，喜歡看書、收集數據。常常談一些高深的論調，不喜歡陪別人談感受，他們的人生通常不靠感覺。他們只用冷靜並很客觀的方法去規劃、去進行。

九型人格的基本精神是平衡。員工管理和團隊建設也一樣，重在維持一個團隊的穩定和平衡，不能讓情緒激化，影響工作的正常進行。而腦中心、身中心、心中心為主要任務的團隊，需要的人員配置是不一樣的，這正是三元組研究的基本價值所在。

▶ 五、九型人格三元組劃分

知人善用的精髓，在於巧妙利用性格中的優勢，去揚長避短、順勢而為，打造和諧高效的團隊。九型人格三元組的劃分是企業選人、用人、組建團隊的第二大基礎。

第一章
解碼九型人格在管理時的運用

1. 人格來源劃分

- 本能組：1 號員工會以某項原則作為行動依據，8 號員工會以團隊利益作為行動依據，9 號員工把穩定氛圍作為行動依據。

- 情感組：2 號員工會以他人的感受作為行動依據，3 號員工會以榮譽意義為行動依據，4 號員工會以個人感受為行動依據。

- 思考組：5 號員工以個人思考作為行動依據，6 號員工以思考周圍環境作為行動依據，7 號員工以思考個人權責為行動依據。

2. 人際關係劃分

- 屈從組：1 號、2 號、6 號屬於屈從組，對交往對象要求比較苛刻，社交範圍一般，對同類人有較強親和力，對不同類人則表現出抗拒，能夠借助人際關係獲得一定的幫助。

- 進攻組：3 號、7 號、8 號屬於社交型，社交範圍最廣，人際關係相對穩定，其社交吸引力往往很大，能拉攏很多人進入自己的圈子，並擅長借助人際關係做大事。

- 退縮組：4 號、5 號、9 號總體不擅社交，社交範圍最小，人際關係最不穩定，抗拒過分熱絡的感情，喜歡和他人保持距離，難以借用人際關係，但卻常能獲得意外的援助。

3. 面對衝突困難劃分

- 能力組：屬於技能型人才。1 號員工屬於責任能力驅動型，3 號員工屬於成就能力驅動型，會為了達成某種目標而去掌握某種能力，5 號員工屬於智慧能力驅動型。

- 強烈情緒組：屬於擠壓型人才。4 號員工屬於自我情緒驅動型，6 號員工屬於不安情緒驅動型，8 號員工屬於壓力情緒驅動型。
- 樂觀組：屬於平和型人才。2 號員工屬於情緒環境驅動型，7 號員工屬於物質環境驅動型，9 號員工屬於氛圍環境驅動型。

4. 客體關係劃分

- 沮喪組：1 號員工負責挑毛病，4 號員工負責指方向，7 號員工負責整理頭緒。
- 拒絕組：2 號員工可以用感情控制，5 號員工可以用智慧控制，8 號員工可以用權力控制。
- 迷戀組：3 號員工服從指揮，6 號員工服從規定，9 號員工服從氛圍。

▶ 六、人格類型的側翼

　　每人均是 9 種性格型號的混合體，而在此混合體內主要性格型號會偏向它的兩側，偏向度大的一面就成為一個人的側翼，側翼往往成為對一個人影響非常大的第二性格。一般情況下，每個人只有一個側翼。

　　目前，我們接觸到的九型人格理論當中對側翼還沒有一個完整的理論體系。側翼對主型一定會有影響，影響究竟有多深？是否存在一種規律？目前還沒有得出完整的結論。每種性格類型都很難做到「中庸」，總會有一定程度的偏離，側翼的偏離程度越大，說明第二人格特徵對人的影響越大。以下是側翼的人格特點：

1. 1 號的側翼（圖 1-3）

　　偏 9 號員工的 1 號員工：他們會比較隨和，沒有那麼嚴肅，不會隨便地遷怒他人，他們會很放鬆，悠閒地享受生命帶來的樂趣。

偏 2 號員工的 1 號員工：很熱心地幫助別人，但也會強迫別人接受他以為好的模式或標準，這時就會變得自我中心，失去理性。

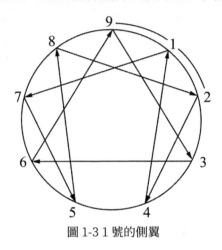

圖 1-3 1 號的側翼

2. 2 號的側翼

偏 1 號員工的 2 號員工：會比較理性，有徹底的、細緻的計畫，比較有條理，有較清晰的目標，具有 1 號員工理想主義及客觀中立的特質，不過他們也帶有 1 號員工那種刻板、挑剔、原則性強、不樂觀的特性。

偏 3 號員工的 2 號員工：會變得較為活潑和愛表現，願意接受別人的幫助，但同時也會帶有 3 號員工的自我中心及善於經營的個性。

3. 3 號的例翼

偏 2 號員工的 3 號員工：可愛，他們不那麼愛出風頭，願意幫助別人，感受他人的感受。

偏 4 號員工的 3 號員工：具備 4 號員工那種靈感及創造力，也具有內向、沉靜、敏感、情緒化的特質。

4. 4 號的側翼

偏 3 號員工的 4 號員工：走出個人的情緒，注意自己的形象及社會共同的規則，也變得更有雄心壯志。

偏 5 號員工的 4 號員工：富有創意，使得 4 號員工變得需要私人空間，創新但會不切實際。

5. 5 號的側翼

偏 4 號員工的 5 號員工：變得有想像力，比較感性，憂鬱並有藝術氣質。心理學家佛洛伊德（Sigismund Schlomo Freud）、榮格（Carl Gustav Jung）即屬於此類性格。

偏 6 號員工的 5 號員工：很理智、分析能力很強、重視團隊、務實，但也有愛懷疑、過分擔心的特質。

6. 6 號的側翼

偏 5 號員工的 6 號員工：他們比較不會那麼盲目崇拜權威，但容易變得內向、猜疑、自大且富攻擊性。

偏 7 號員工的 6 號員工：比較易焦急，能感覺到誰是他事業上的貴人。

7. 7 號的側翼

偏 6 號員工的 7 號員工：比較注重團體的利益及合作精神，能夠更多地顧及他人感受，更加盡責，但也會有更多的擔憂、焦慮。

偏 8 號員工的 7 號員工：此類人更看重權力，更喜歡操控別人，具有 8 號員工粗暴、缺乏耐心的性格。

8. 8號的側翼

偏7號員工的8號員工：這種人將成為9種性格特徵中最有意志力及最有衝勁的人。他們精力旺盛，善於抓住人心，有強烈的成功欲望，愛冒險，更有主見。

偏9號員工的8號員工：變得很受歡迎，他們很有同情心，喜歡支持體諒別人，大度、寬厚、有耐性。

9. 9號的側翼

偏8號員工的9號員工：會變得沒有那麼畏縮、逃避，他們可以更外向、直接，獨立及有決斷力。

偏1號員工的9號員工：會變有理想，有秩序，但易受瑣碎的事情干擾。

側翼表明了每個人格類型的次一級性格，側翼中的分支是看起來非常不同的性格，但卻共享著同一種價值觀。每個人有所屬的主要性格類型，每個人均是多種性格型號的混合體。側翼的位置是在九型人格圖像之圓周上，它是處於你所屬主要性格型號的其中一邊。

研究顯示，真正落在中心點附近的人只占30％，其他人都在一定程度上（中度或重度）受到側翼的影響。花開兩朵，各表一枝，同一主型而不同側翼的兩類人，表現可以非常不同。也就是說，對大部分人而言，要想真正了解自己，必須了解側翼對自己的影響。

側翼和主型是共享核心價值觀的，所以側翼不影響對主型的辨識和運用。不過，側翼是更深入地逼近人的行為模式，它可以讓人們產生更強烈的共鳴，要想準確無誤地辨析一個人，找到核心號碼，必須排除側翼的干擾。

側翼一定程度上增加了員工個性的豐富性，綜合了更多的優點。當一個人的性格存在缺陷的時候，完全可以透過發展側翼類型來進行彌補。如果一位管理者，能夠深知下屬的側翼優點，並能善加運用，管理工作將會充滿生趣。其實，在實際中，每個人的人格優點，很多也是透過側翼來表現的，在組建團隊的過程中，側翼的優點，往往可以造成意想不到的作用。

▶ 七、九型人格的副型

人類存在著 3 種基本求生存行為，包括自我保護、社交、一對一三種行為，對應九型人格中，同一個型號，會有 3 種副型：求存型（自我保護）、社群型、一對一型（情欲型）。大多數人的性格發展會聚焦在某一類。例如，當失去工作時，意識焦點便會集中在自我保護上。

1. 求存型（自我保護）

焦點在自己，也就是「我」，關心的是跟「我」有相關的東西，以及基本生活需要。為保障個人存活，我們都必定響應個人需要及可能對我們造成威脅的事物。意識焦點與精力會跟隨著所有牽涉到個人存活的事物，如安全、穩妥、舒適、保護以及充足的資源等。

2. 社群型

焦點在社群、團體或工作團隊中發揮或展現自己。我們都是在社交中群居生活的動物，個人的存活有賴社會體系和團體的作用。關注焦點與精力會跟隨所有牽涉到的生活圈或團體的事物，如在團體中的角色和地位、社會接受度、歸屬感、參與感以及友誼等。

3. 一對一型（情欲型）

焦點在某一個「他」，依據身邊的他，來展現自己的角色定位。關注焦點與精力會跟隨所有牽涉到親密關係的事物，如跟特定的人維持親密關係、性關係、個人魅力、親密感、結盟及融合等。

根據副型理論，在團隊如何帶領好 3 種不同的副型呢？

- 求存型（自我保護）：首先解決其衣食行的基本問題，明確告訴求存型的人最低收入的標準，免除其後顧之憂。適當地關注對方的家庭，理解求存型的人，對金錢、食物、健康以及個人空間天然的關注及貪求。求存型的背後是關於求生存的恐懼。

- 一對一型（情欲型）：給予面對面的交流和指導。理解一對一的人對愛情的熱烈。對他們來說，愛情和性有時比吃飯還重要。盡量和一對一的人單聊，他們渴望有深度的、特殊的連線。他們的情感很豐富，很熱烈，面對他們，你要平靜些。

- 社群型：釋放他們的激情和活躍度。他們天生有團隊精神，無需培訓。團隊是他們的家，是他們充電的地方。團體中給他們話語權，這對他們很重要。告訴他：我們這個團隊，離不開你，沒你不行。

副型理論實際上是比較深和比較難的部分。如果說，了解了基本人格類型，就可以做到識人用人的 60%；學會了翼型，可以做到識人用人的 80%；學會了副型，識人用人水準就可以達到 100%。

不過，僅僅使用個人，並不能從根本上提升領導力，只有可以更新組織和駕馭團隊管理者，才是真正有水準的領導者。所以，對於管理者而言，更主要的問題是如何在識人的基礎上，組建一支更為強大和諧、戰無不勝的團隊。

九型人格的應用需要根據具體的情況和情景來分析。從副型來看，某些求生存行為是共有的，而非個別性格型號獨有的，不能因為某個員工在特定的情形下，表現出了不好的品質，而忽視了他們的閃光面。例如，聯繫感情是一種重要而又共有的行為，自出生以來便已存在。不要把它與一對一副型的行為混為一談，因為後者是一種以目標關係為本的行為。

▶ 八、九型人格的整合與解離

九型人格的整合和解離是識人、用人、組建團隊的第三大基礎。整合與解離代表著人格的心理成長和退化。人是不斷發展的，團隊是不斷變化的，沒有永恆不變的東西。整合與解離，就是告訴領導者，如果方法不恰當，必然引起不良的反應和牴觸的情緒。

9 種人格類型並不是靜態的，它們是開放的。整合與解離只是發生在每個人心理過程的一種隱喻，實際上並不存在一種 9 種個性運動，只是對某一特定類型將如何透過整合或解離改變當前狀態的一種說明。

▶ 九、員工的整合方向

所謂的員工進步，就是指員工性格的整合，整合是實現個性進步的途徑。整合的方向，即朝向健康的、自我發展的方向發展。存在著兩種整合方向，一個方向是 1-7-5-8-2-4-1，一個方向是 9-3-6-9，如圖 1-4 所示。

整合過程就是平衡我們的各種能量，獲得我們所屬類型中的健康特質。例如 8 號的人自信，需要與 2 號的同情相平衡，但僅僅擁有同情是不夠的，否則會淪為多愁善感。2 號的同情必須與 4 號的自我肯定相平衡，但僅僅是自我肯定也是不夠的，否則會淪為自我中心。4 號的自我肯定必須與 1 號的客觀性向平衡，但僅僅有客觀性也是不夠的，否則會形成死板的邏輯。

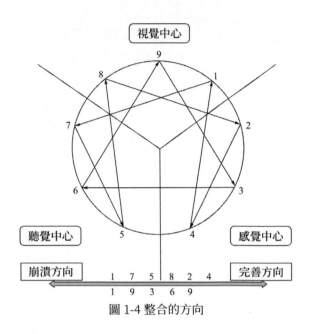

圖 1-4 整合的方向

▶ 十、如何提升員工性格

一個類型必須與其整合的力量相互平衡，否則就會走向解離的方向。每種類型的力量都需要與其他類型的力量相平衡。9 種個性是一個動態的不斷整合的過程，為了使性格更加完善，1 號可以向 7 號學習，7 號可以向 5 號學習，5 號可以向 8 號學習，8 號可以向 2 號學習，2 號可以向 4 號學習，4 號可以向 1 號學習，1 號可以向 3 號學習，3 號可以向 6 號學習，6 號可以向 9 號學習，9 號可以向 3 號學習。這樣一來員工素養就會獲得提升，自身就會實現進步。

- ◉ 1 號，憤怒 —— 平靜；

- ◉ 2 號，驕傲 —— 謙卑；

- ◉ 3 號，欺騙 —— 誠實；

- ▣ 4 號，嫉妒 —— 坦然；
- ▣ 5 號，貪婪 —— 無執；
- ▣ 6 號，害怕 —— 勇氣；
- ▣ 7 號，貪食 —— 清醒；
- ▣ 8 號，欲望 —— 無知；
- ▣ 9 號，怠惰 —— 行動。

▶ 十一、員工的解離方向

　　員工退步的方向，實質就是解離的方向。所謂解離是向惡化的方向，即朝向不健康、神經質方向發展。解離方向與整合方向是相反的。整合是進步，解離就是退步。解離同樣也存在兩種方向，一種是 1-4-2-8-5-7-1，一種是 9-6-3-9，如圖 1-5 所示。

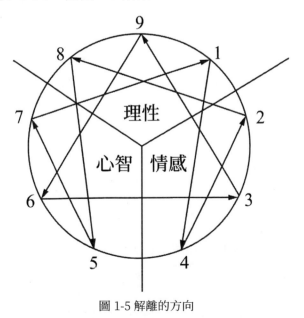

圖 1-5 解離的方向

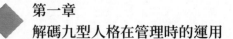

解離方向上所具有的特質，揭示了自我完善過程中最需要的東西。解離方向上的特質是真實狀態所需要的，但是我們又沒有能力表達這些特質，所以才需要整合方向上的特質來給自己增加能量。例如，7 號的解離方向是 1 號，7 號需要的特質是「容忍和自我約束」，但是 7 號直接整合 1 號的特質，不僅不能得到 7 號所需要的，反而會表現出 1 號的缺點，7 號只有不斷轉變才能整合 1 號健康的特質。

▶ 十二、如何避免員工的退步

1 號應避免向 4 號轉化，4 號應避免向 2 號轉化，2 號應避免向 8 號轉化，8 號應避免向 5 號轉化，5 號應避免向 7 號轉化，7 號應避免向 1 號轉化，3 號應避免向 9 號轉化，9 號應避免向 6 號轉化，6 號應避免向 3 號轉化，這樣一來員工就會變相地實現進步。

- ◨ 1 號，憤怒 —— 批判；
- ◨ 2 號，驕傲 —— 蠻橫；
- ◨ 3 號，欺騙 —— 否定；
- ◨ 4 號，嫉妒 —— 分離；
- ◨ 5 號，貪婪 —— 逃避；
- ◨ 6 號，害怕 —— 攻擊；
- ◨ 7 號，貪食 —— 發怒；
- ◨ 8 號，欲望 —— 盤算；
- ◨ 9 號，怠惰 —— 被動。

整合與解離告訴我們，不管是先進還是落後，都不是永遠的，要不斷適應形勢的發展，調整自己和團隊的方向和配置，才能使作用和價值發揮

到最大。一個人的性格不適合帶團隊，但完全可以透過性格的整合，具備相關的素養，帶領團隊走向成功。一個人的性格適合領導角色，但是當他處於解離的狀態或不健康的狀態下，也會將團隊帶向崩潰方向。

▶ 十三、九型人格的「發展層級理論」

每個型號，都有成功者，也有失敗者，也有卑微的人，也有高尚的人，這其實就是九型人格的發展層級理論在發揮作用。在這裡，每個型號分成 1 到 9 層，第一層級是心理最健康的，最容易取得成功的。看看自己處於在哪個層級，就應該在哪個層級上發力。

「發展層次理論」是九型人格的高階理論，也是識人、用人、組建團隊的高階理論。它是從縱向的角度動態展示 9 種人格的 9 條向上昇華和向下遊走的路徑，每個類型都有 9 個階梯，指引自我和員工朝向自我完善的方向，並覺察所處的層次，促進人格成長進入健康層次避免陷入不健康層次，如圖 1-6 所示。

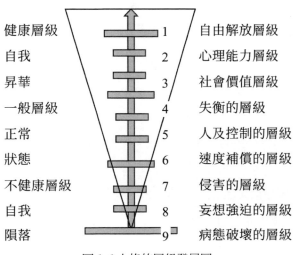

健康層級	1	自由解放層級
自我	2	心理能力層級
昇華	3	社會價值層級
一般層級	4	失衡的層級
正常	5	人及控制的層級
狀態	6	速度補償的層級
不健康層級	7	侵害的層級
自我	8	妄想強迫的層級
隕落	9	病態破壞的層級

圖 1-6 人格的層級發展圖

第一章
解碼九型人格在管理時的運用

九型人格發展狀態是識人、用人、組建團隊的重要理論，可以劃分為三大不同的層面，即健康的層面、正常運作的層面和不健康的層面。

- ◉ 健康層面 —— 自我實現：自我的最真實展現，人格非常完善，具有啟發性的模範。

- ◉ 一般層面 —— 正常運作：正負性格較為平衡，不帶有過多的負面影響。

- ◉ 不健康層面 —— 自我壓抑：壓力過重，行事緩慢，容易引起精神和情緒上的問題。

同一項工作，處於健康的狀態是完全適合的，但當處於不健康的狀態的時候，則可能恰恰相反。一旦員工的狀態出現遊離，工作的效率就會下降。所以，在工作中，管理者要採取一定的情緒激勵的方法，確保員工經常性地處於正常的狀態上。

每個型號分成 1 到 9 層，第一層級是心理最健康的，最容易取得成功的。每個型號，都有成功者，也有失敗者，也有卑微的人，也有高尚的人，這其實就是九型人格的發展層級和健康狀態決定的。

不管是管理者，還是員工，處在哪個層級，就應該在哪個層級上發力。首先要讓員工看清自己的發展方向，然後幫助他們進行自我的整合和完善。

「發展層次理論」對識人、用人具有非常積極的啟示意義，它啟示管理者要做最好的自己，同時要帶領員工走向和諧和發展，讓每個員工的身心靈都處在健康的狀態上，才能促進團隊和企業的良性營運。

▶ 十四、9 種型號的管理方式

- ◉ 1 號的管理方式：以身作則。
- ◉ 2 號的管理方式：感性，助人成長，全部往肩上扛。
- ◉ 3 號的管理方式：目標管理，不要阻止我前進。
- ◉ 4 號的管理方式：獨特，有品味，變化多。
- ◉ 5 號的管理方式：遠距離掌控。
- ◉ 6 號的管理方式：以解決問題及克服障礙為中心思想。
- ◉ 7 號的管理方式：構思計畫，然後授權別人執行。
- ◉ 8 號的管理方式：極權，一言堂堂主。
- ◉ 9 號的管理方式：照章辦事或走妥協路線。

▶ 十五、9 種型號適合的工作環境和工作職位（表 1-1）

表 1-1 9 種型號適合的工作環境和工作職位

型號	適合的工作環境和崗位	不適合的工作環境和崗位
1	從事環境穩定，工作標準明確，技術性強，沒有複雜的政治因素的工作：教學、財務、法官等	不適合風險大，環境不穩定的工作，如風險決策制定或必須接受大量不同觀點存在的工作
2	融洽的工作環境：助手、祕書、公關、志工、社會工作者、客服、業務及展現個人魅力的工作，如演員等。	與人有嚴重衝突的工作

3	適合有成長空間的環境且馬上能看到效果：經理、銷售員、傳教士、廣告業者、形象工作者、高管、政治家	創造性工作：小說家、藝術家、研究員
4	自由的、能激發創意的環境：演員、歌手、模特兒、設計師、哲學家等	服務性等默默無聞的工作、重複性的工作。
5	獨立、自由的環境：學者、心理學家、程式工程師、股票操盤手等	銷售員、政治家
6	穩定的、可掌控的環境：警務、策略家	強大壓力、無準備而快決策、勾心鬥角
7	旅遊記者、新聞工作者、編輯、作家、跨學科研究帶頭人等	技術人員、會計等
8	開拓、發揮的環境：政治家、領導者	容易被操控的環境、不公正的環境
9	和諧、穩定的環境：如辦公室	銷售員及變化快的工作

▶ 十六、九型人格中各型的代表動物及特徵

1. 1 號改革者

成熟／順境時→螞蟻：做足一百分；

未成熟／逆境時→獵狐狗：挑剔，憤世嫉俗；

生命中最大的挑戰→總是執著於對與錯。

2. 2 號幫助者

成熟／順境時→短腿獵犬：慷慨，為他人著想；

未成熟／逆境時→波斯貓：以為自己不能取代；

生命中最大的挑戰→用自己的愛去換取別人的接受。

3. 3 號促動者

成熟／順境時→鷹：有幹勁；

未成熟／逆境時→孔雀：操縱欲強；

生命中最大的挑戰拼命去找成就感，在物質世界裡迷失自己。

4. 4 號藝術家

成熟／順境時→黑馬：見解獨特，有創意；

未成熟／逆境時→捲毛狗：情緒化；

生命中最大的挑戰→特立獨行，與眾不同。

5. 5 號思想家

成熟／順境時→貓頭鷹：有深度，分析能力強；

未成熟／逆境時→狐狸：貪婪，不知足；

生命中最大的挑戰→空想，不付諸行動。

6. 6 號忠誠者

成熟／順境時→羚羊：忠心耿耿；

未成熟／逆境時→白兔：焦慮，驚懼；

生命中最大的挑戰→猜疑，畏首畏尾。

7. 7 號多面手

成熟／順境時→蝴蝶：熱愛生命；

未成熟／逆境時→猴子：不能腳踏實地；

生命中最大的挑戰→太過於自我，沒有深度。

8. 8 號指導者

成熟／順境時→老虎：天生領袖；

未成熟／逆境時→犀牛：霸道，控制欲強；

生命中最大的挑戰→挑戰欲、控制欲過強。

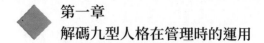
9. 9 號和事佬

成熟／順境時→海豚：愛好和平；

未成熟／逆境時→大象：得過且過；

生命中最大的挑戰→隨波逐流。

▶ 十七、9 種型號煩惱和失誤的根源：陶醉在某一種性格之中

- 1 號 —— 過於追求完美，而陷入到完美的世界中。
- 2 號 —— 過於追求愛，而陷入了逆愛。
- 3 號 —— 過於追求成功，而失去了方向感。
- 4 號 —— 過於追求自我，而失去了與外界環境的互動。
- 5 號 —— 過於追求知識，而失去了效果。
- 6 號 —— 過於追求忠誠，而失去了自信。
- 7 號 —— 過於追求快樂，而失去了境界的提升。
- 8 號 —— 過於追求權威，而失去了人際關係。
- 9 號 —— 過於追求和諧，而失去了行動。

▶ 十八、如何和 9 種型號的人進行有效溝通

1. 如何跟 1 號（完美型）的人溝通

1. 你必須以理性、合乎邏輯，並且正經的態度和他們溝通，才能獲得他們的認同。

2. 接著你可以適時表現一些幽默感，緩和他們的嚴肅僵硬，藉以引領他們放鬆心情，放心發揮他們的幽默並且凡事試著朝正面想。

3. 當他們不知為何生氣，或是顯得很「龜毛」時，我們不必太在意，不必追究他們的態度由來，不必與之衝突，因為他們的怒氣大多不是衝著你來的。它可能只是把無名火，也可能是針對其他跟你完全沒相關的事！

4. 說話要真誠、直截了當，因為他們十分敏感，加上判斷力很佳，對於別人的玩弄伎倆，他了然於心。如果拐彎抹角只會令他不屑與厭惡！

2. 如何跟 2 號（助人型）的人溝通

1. 對於他們的付出，一定要表現出感激之意。

2. 2 號最討厭別人拒絕他們的好意，所以如果你想拒絕他們，就必須很清楚地把你的理由、感覺告訴他們，讓他們知道真的不需要他去幫你什麼，因為這才是你最需要的，也是對你最好的「幫助」。

3. 2 號總是將關注放在別人身上，所以你不妨鼓勵他們多談談自己，並告訴他們你想知道他們的事，多了解他們一些。

4. 當你想為他做某件事時，告訴他們這麼做會讓你覺得快樂，他們便會接受你的付出。

5. 當他們只顧著為別人忙碌，或是顯得情緒化、心神不寧時，不妨問問他們正在想什麼？心情如何？以及此刻有什麼需要？

3. 如何跟 3 號（成就型）的人溝通

1. 希望他們改變作風或是思考其他方案最有效的方法便是：告訴他們這樣做可能會有助於他們獲得更好的結果、更大的成功。

2. 如果你喜歡他們，不妨盡量配合他們，因為當你與他們站在同一陣線時，他們也樂於保護你，與你分享他們的成就。

3. 如果你有被他們利用或操縱的感覺時，不妨讓他們知道你的感受，因為他們有時真的會忽略別人的感受，告訴他們後，他們多半會收斂一些，特別是當他無心傷害你時。

4. 過度地批評只會讓他們為了討好你、順應你，而矯情地做改變。所以要真正改變他們，應該是去愛他們，設法讓他們去探索自己真正的感覺。

4. 如何跟 4 號（自我型）的人溝通

1. 感覺對他們而言是最重要的，與他們溝通一定要重視他們的感覺。

2. 另一方面也要讓他們知道你的感覺、想法。

3. 密切地配合他們，令他們感覺到你是關心他們，願意支持他們。

4. 如果他們沉浸在某種情緒中難以自拔，問問他們當下的感受。讓他們有機會抒發情緒，是幫助他們走出情緒的最好方法。

5. 不要老是以理性來要求他們、評斷他們，聽聽他們的直覺，因為那可能會開啟你不同的視野。

6. 稱讚他們，特別是當他們能發揮自己的特質而有所貢獻時，因為他們是極容易有負面情緒、容易否定自我的人。

5. 如何跟 5 號（思想型）的人溝通

1. 他們在面對人群表達自己時往往有困難，所以不要在這方面給他們太大的壓力。要表現出親切的善意，以減輕他們的緊張、焦慮。

2. 要親切，但不要表現出依賴或讓他們有壓力的親密，因為他們喜歡與人保持一定的距離，要尊重他們的界線。

3. 要求他們做決定時，請盡量留給他們獨處的時間和空間。

4. 當你請求他們某件事時，請記住你表達的態度應該是一種請求而非要求。

5. 作為 5 號的伴侶，要增加他們的信任，減輕其焦慮最好的方法是身體的接觸（例如按摩），這對他們而言是勝於語言的溝通。

6. 如何跟 6 號（忠誠型）的人溝通

1. 他們是多疑的，所以很難相信你對他們的讚美。唯有不斷地傾聽，並願意支持他們、和他們站在一起，才是取得他們信任最好的方法。

2. 保持你的一致性，不要言行不一、變來變去，這樣自然會讓他對你產生信任。

3. 不要譏笑或批評他們的多疑，這會使他們更缺乏自信，多欣賞他對安全感的認知。

4. 說話必須真誠、清楚明白，因為他們很會猜測你的「言外之意」，而做不必要的聯想。

5. 身為 6 號的伴侶，請務必讓他們知道你每天的行動，他們不是要控制你、干涉你，只是他必須知道這些才能覺得安心。

7. 如何跟 7 號（活躍型）的人溝通

1. 以一種輕鬆愉快的方式和他們交談，是建立彼此好感的第一步，因為他們不喜歡過於嚴肅、拘謹、無趣的人。

2. 傾聽他們偉大的夢想和計畫，不必馬上點出其中不切實際的地方，把它當成是一種分享想法、分享喜悅的方式。

3. 如果你要點出他們計畫中的一些問題點,請不要用一種高姿態的批評或指示,改用一種建議、提供參考的口吻,他們會比較容易接受。

4. 當你提出不同的見解、方案時,他們當下可能會有點反彈,但記住,他們是善於思考的,給他們重新思考的時間,他們自然會判斷是否接納你的想法,或是找時間跟你進一步討論。

5. 如果你是他們的好朋友,看到他們逃避問題時,不妨提醒他們,找時間靜下來面對問題,把問題想清楚。

8. 如何跟 8 號(領袖型)的人溝通

1. 說話盡量說重點,他們才不會不耐煩,並願意聽你繼續陳述。

2. 你認為你們彼此起了爭執、衝突,他卻可能覺得這是很過癮的、很有效的溝通模式。所以你要記著,衝突對他們而言是進一步溝通的開始,而非結束。萬一你覺得「爭吵」太過激烈,感覺不舒服時,不妨直接告訴他們你的感受。

3. 他們可以接受直接的批評,但不要取笑或譏諷他們,這會使他們產生敵意,做出攻擊的行為。

4. 玩弄權謀、操縱他們、說謊,都是他們討厭的行為,記著跟他們溝通的最好方式是:直接說重點。

9. 如何跟 9 號(和平型)的人溝通

1. 盡量傾聽他們,並鼓勵他們說出自己的想法。

2. 要適時地讚美他們、認同他們,因為他們常常不知道自己的優點、自己的重要性。

3. 當他們贊成或是執行某件事時，事實上有可能只是為了迎合別人，
所以你不妨問問他們的想法，聽聽他們會怎樣說。

4. 如果你想真正了解他們的想法，不應過於急切、壓迫，否則他們會
給你一個「你想聽到的答案」，而不是他們內心真正的答案，所以還
是給他們一點空間和時間來回答吧。

第二章

九型人格與角色的配對方法

第一節
理性判斷員工人格的技巧

　　九型人格除了可以透過人格的基本特徵來判斷外，理性的判斷方法是透過測試題的方式得到，測得分數最高的類型就是自己的個性類型。

　　每道測試題的答案以及最終測試結果沒有正確與錯誤之分，只與個人興趣、態度與傾向有關。沒有情感色彩的客觀選擇，是保證測試真實準確的基本前提。九型人格反映的是個人的個性特質以及對待自己和他人的世界觀。

　　自測卷要求是請憑第一直覺選出你認為對自己的描述最接近的一項。最終的結果也沒有固定答案，它顯示的是你更偏向於 9 種性格中的哪一種基本型態。

　　此份問卷共有 36 道題，請選擇你認為最恰當或最接近描述自己的性格行為的句子。最終得出的結果是九型人格中你最傾向的基本形態。請趕快開始吧。[001]

▶ 一、測試題

1.　我喜歡服務他人，他人的請求對我來說是很重要的。（A）

　　怎麼看待一件事以及知道怎麼做，對我來說是重要的。（B）

2.　我總是不自覺地陷入困擾中。（A）

　　我總會主動想辦法放輕鬆以解決困擾。（B）

---

[001]　九型人格測試題，有 36 題、72 題、108 題、144 題、180 題等不同的版本，但低版本的較為流行，而且準確性方面與其他版本基本沒有出入。

3. 我一直認為自己是個平易近人的隨和之人。（A）

   我一直認為自己是個嚴肅、自律的人。（B）

4. 我喜歡認識各式各樣的朋友並喜歡社交場合。（A）

   我非常厭倦與陌生人交往，對社交場合一點都不感興趣。（B）

5. 我總是難於做出每一個決定。（A）

   做決定對我來說從來都不是什麼難事。（B）

6. 我一向樂於幫助他人，為別人付出，並且喜歡與人為伴。（A）

   我一向非常嚴肅、克制，但很喜歡提問和討論問題。（B）

7. 總結新經驗時，我總會問這對我是否有用。（A）

   總結新經驗時，我總會問這是否能帶給我樂趣。（B）

8. 我認為成為各種情況的主導是我的長處之一。（A）

   我認為描述各種內心的狀態是我的長處之一。（B）

9. 簡而言之，我很天真，也很能放得開。（A）

   簡而言之，我很機警，做事也很謹慎。（B）

10. 我覺得做每一件事都有很多種方法。（A）

    我認為做每一件事只有一種最好的方法。（B）

11. 利用現有資源並展開計畫是我的主要長處。（A）

    提供思路、讓眾人感到興奮是我的主要長處。（B）

12. 因為我有強烈助人的欲望，導致我的健康和幸福受損。（A）

    因為我有強烈助人的欲望，導致我的人際關係不佳。（B）

13. 我很不容易睡著。（A）

    我總是沾枕頭就睡著。（B）

14. 我做事時總是沒有足夠的信心，不夠果斷。（A）

    我做事時總是自信滿滿，能當機立斷。（B）

15. 朋友信任我是因為我有足夠的信心和能力讓他們信任。（A）

朋友信任我是因為我總是能做正確的事，且很公平、公正。（B）

16. 我很在意自己的情感，並且喜歡讓這種感覺持續下去。（A）

我不會很在意自己的情感，也不會太注意它。（B）

17. 我總覺得自己很被動，做事不夠投入。（A）

總覺得自己的支配欲和操縱欲很強。（B）

18. 綜合來看，我做事是有條理且謹慎的。（A）

合來看，我很容易被刺激，並且心甘情願去冒險。（B）

19. 我喜歡幫助他人，並且幫助他們糾錯。（A）

習慣和他人保持一定的距離。（B）

20. 我已經為他人提供許多人文關懷。（A）

已經為他人提供許多方向。（B）

21. 我以自己的毅力和掌握的常識感到驕傲。（A）

以自己的創造力和創新力感到驕傲。（B）

22. 從大體上看，我善於社交，是個外向之人。（A）

大體上看，我懂得自律，是個認真之人。（B）

23. 就算對方沒有提出要求，但我覺得他有需要就一定會主動幫助。（A）

果對方沒有向我提出要求，我通常不會主動幫助他們。（B）

24. 所有能夠引發情緒動盪的事件都會吸引我注意。（A）

有令我感到平靜、舒服的情況都會吸引我注意。（B）

25. 我的想法通常很具有冒險性。（A）

的想法一向都切合實際。（B）

26. 我喜歡駕馭並支配他人。（A）

喜歡被他人重視。（B）

27. 大難當頭，我有能力解決。（A）

難當頭，我總是安慰自己。（B）

28. 我做事一向憑直覺，喜歡我行我素。（A）

做事向來服從組織，肯負責任。（B）

29. 我總是過於侵犯他人領地，以至於人際關係出現困擾。（A）

總是逃避他人的接觸，保持沉默，以至於人際關係出現困擾。（B）

30. 我一向非常自信，且不怕與任何人作比較。（A）

一向非常自卑，且不喜歡和他人作比較。（B）

31. 我喜歡並習慣活在自己的世界。（A）

喜歡讓整個世界聽到我的聲音。（B）

32. 我常常感到緊張不安。（A）

常常感到憤怒、缺乏耐心。（B）

33. 我向來以自己在他人世界扮演的角色為傲。（A）

向來以自己能接受的開放程度為傲。（B）

34. 我一向很樂觀，且容易在受挫後恢復自信。（A）

常常多愁善感，情緒化。（B）

35. 我很享受將自己置於領導地位。（A）

很討厭坐在領導的位置，寧可讓他人代替。（B）

36. 我向來專注且頗有熱情。（A）

向來都能自發做事，因為我喜歡享受玩樂的過程。（B）

▶ 二、計分方式

每行 A ／ B 選項所在的位置即代表你更傾向於 9 種性格中的某一種形態。例如問題 1 的 A 選項在 2 號下面，就代表這個答案反映出你的性

格更傾向於 2 號人格，依此類推。先選出每道題目的答案填寫在表 2-1 中，並垂直將所選答案的總和加起來，最終得出的前三項最高分則代表你的基本性格形態。

表 2-1 九型人格答案表

Q	1號	2號	3號	4號	5號	6號	7號	8號	9號	Q
1		A			B					1
2				A			B			2
3	B								A	3
4			A		B					4
5						A		B		5
6	B	A								6
7			A				B			7
8				B				A		8
9						B			A	9
10	B		A							10
11							B	A		11
12		A		B						12
13					A				B	13
14		B				A				14
15	B							A		15
16				A	B					16
17		B							A	17
18						A	B			18
19	A				B					19
20		A						B		20
21				B		A				21
22	B						A			22
23		A	B							23
24				A					B	24
25					A	B				25
26		B						A		26
27							B		A	27
28	B			A						28
29		A				B				29

Q	#1	#2	#3	#4	#5	#6	#7	#8	#9	Q
30			A						B	30
31					A			B		31
32	B					A				32
33		A					B			33
34			A	B						34
35								A	B	35
36					A		B			36
小計										
Q	#1	#2	#3	#4	#5	#6	#7	#8	#9	Q

　　大部分情況下，得分最高的就是一個人的核心人格，不過有些時候核心人格只會比其他類型多出 2 分或 3 分，或者有幾種類型的得分相同。當出現兩個核心特徵分數相同的時候，可以運用感性判斷的方法，比如 1 號與 4 號區別的時候，對照 1 號和 4 號的感性特徵進行對照，感覺自己更像 1 號，那麼核心特徵就是 1 號，感覺自己更像 4 號，那麼核心特徵就是 4 號，這是比較有效和簡單的方法。

第二節
團隊中人格與角色的理想組合

在組建團隊的過程中，需要將不同的個性和不同的角色進行匹配。角色是在不同職位所發揮的不同作用，根據國內外學者的研究成果，團隊角色一般劃分為 9 種角色。9 種角色類型的優缺點如表 2-2 所示。

表 2-2 9 種角色類型的優缺點

類型	優點	缺點
實幹者	(1)他們有一定的組織能力，並且有較豐富的實踐經驗； (2)他們對工作總是勤勤懇懇，吃苦耐勞，有一種老黃牛的精神； (3)他們對自己的工作有比較嚴苛的要求，表現很強的自我約束力	(1)他們往往對工作中遇到的事情缺乏靈活性； (2)他們對自己沒有把握的意見和建議沒有太大的興趣； (3)缺乏激情和想像力
協調者	(1)他們比較願意虛心聽取來自各方的對工作有價值的意見和建議； (2)他們能夠對其他人的意見不帶任何偏見地兼收並蓄； (3)他們對待事情，看問題都能站在比較公正的立場上，保持客觀，公正的態度	(1)一般情況下，他們智力水準表現一般，他們身上並不具備太多的非凡的創造力和想像力； (2)注重人際關係，容易忽略組織目標
推進者	(1)他們在工作中不論做什麼事情，總是表現得充滿活力，有，使不完的力氣； (2)他們勇於向來自各方面的、落後的、保守的傳統勢力發出挑戰； (3)他們永遠不會滿足於現在所處的環境，勇於向低效率挑戰； (4)他們對自己的現狀永遠不能滿足，並敢於向自滿自足情緒發出挑戰	(1)他們在團隊中往往表現得有些好激起爭端，遇到事情表現得比較衝動，容易產生急躁情緒 (2)瞧不起別人

創新者	(1)他們在團隊中表現得才華洋溢； (2)他們具有超出常人的非凡想像力； (3)他們頭腦中充滿了聰明和智慧； (4)他們具有豐富而淵博的知識	(1)往往給人一種高高在上的印象，像一個救世主； (2)給人們的印象總是隨隨便便，不拘於禮節； (3)往往使別人感到與他們不好相處
訊息者	(1)他們喜愛交際，具有廣泛的與人聯繫溝通的能力； (2)對新生事物比其他人顯得敏感； (3)他們求知慾很強，並且很願意去不斷探索新事物； (4)他們勇於迎接各種新的挑戰	(1)他們常常給人留下一種事過境遷，興趣馬上轉移的印象； (2)他們說話不太講究藝術，喜歡直來直去，直言不諱
監督者	(1)他們在工作中對人對事表現出極強的判斷是非的能力； (2)他們對事務具有極致的分辨力； (3)他們總是講求實際，對人對事都抱著實事求是的態度，一是一，二是二	(1)他們比較缺乏對團隊中其他成員的鼓動力、煽動力； (2)他們缺乏激發團隊中其他成員活力的能力
凝聚者	(1)對周圍環境和人群具有極快的適應能力； (2)具有以團隊為導向的傾向，能夠促進團隊成員之間的相互合作	他們常常在危急時刻表現得優柔寡斷，不能當機立斷
完美者	(1)總是持之以恆，而絕不會半途而廢； (2)他們在工作中表現得勤勞； (3)他們對工作認認真真、一絲不苟，是一個理想主義者，追求盡善盡美	他們在工作中，處理問題時過於注重細節問題，為人處世不夠灑脫，沒有風度
專家	(1)具有奉獻精神； (2)擁有豐富的專業技能； (3)致力於維護專業標準	(1)只侷限於狹窄的領域； (2)專注於技術而忽略大局； (3)忽視能力之外的因素

　　基於 9 種個性理論，和諧團隊人際關係的建構應該注重成員之間的搭配，協調成員之間的角色安排。肯定個別差異的價值，並根據員工的不同特徵採用適當的方法與其溝通，有利於對團隊進行高效率的管理。

▶ 一、合理的團隊要包括 3 類人員

　　並不是所有的團隊都是運作良好的，有些團隊在專案還沒有結束的時候就名存實亡了。工作團隊透過其成員的共同努力能夠產生積極協同

作用，使團隊的績效水準遠大於個體成員績效的總和。根據團隊中的九種角色，合理的團隊至少應包括以下 3 類人員。

1. 具有技術專長的成員；
2. 具有解決問題和快速決策技能的成員；
3. 善於傾聽、能夠即時回饋，並具備解決衝突和協調團隊人際關係技能的人員。

　　沒有完美的個人，但是有完美的團隊。9 種個性的分類為協調團隊中的人際關係，提高團隊工作績效，提供了幫助。一個完整的、良性的團隊在人員構成上應該包括 9 種個性中的這三大類，而不是所有人格特質的人都需要，可以根據團隊的工作性質，選擇必要個性的人員。

▶ 二、團隊成員的個性組合方法

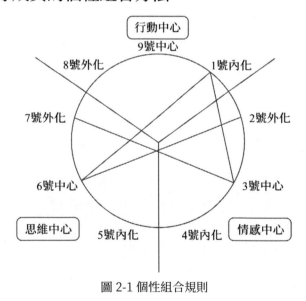

圖 2-1 個性組合規則

1. 個性組合步驟

第一步：以本型號為基點，分別選取中心型號和內化或外化型號。

以 2 號為例，2 號（外化）本身屬於情感中心的外化型號，2 號首選與另外兩個中心（行動中心、情感中心）的中心型號進行組合，即 3 號、9 號。因為 2 號屬於外化型號需要內化型號來進行平衡，所以 2 號選擇兩外兩個中心的內化型號進行組合即 1 號、4 號。

第二步：選擇本型號提升方向所對應的型號。

2 號的提升型號是 4 號。

2. 口訣

先中心後內化後外化，提升型號最合適。

這個口訣的意思是個性組合優先選擇提升時的型號，其次是中心型號個性類型，再次選內化或外化型號。

▶ 三、團隊成員個性最佳組合表

團隊人員理想化組合如表 2-3 所示。這個表格給我們提供了一個參考，以 1 號為例，1 號個性與 2 號、3 號、6 號、7 號這些型號組合，會使 1 號、2 號、3 號、6 號、7 號這些型號的優勢得到發揮，劣勢得到規避。

表 2-3 團隊人員理想化組合表

個性類型	個性組合類型
1號：完美、苛刻型(內化)	3號（中心）、7號（外化）：6號（中心）、2號（外化）：7號（提升）
2號：熱忱、易怒型(外化)	6號（中心）、1號（內化）：9號（中心）、4號（內化）：4號（整合）
3號：專注、追求型(中心)	5號（內化）、8號（外化）：1號（內化）、7號（外化）：6號（提升）
4號：浪漫、情緒型(內化)	6號（中心）、8號（外化）：9號（中心）、7號（外化）：1號（提升）
5號：探究、木訥型(內化)	3號（中心）、8號（外化）：9號（中心）、2號（外化）：8號（提升）

6號：質疑、忠誠型(中心)	4號（內化）、8號（外化）：1號（內化）、2號（外化）：9號（提升）
7號：活躍、善變型(外化)	9號（中心）、6號（內化）：3號（中心）、1號（內化）：5號（提升）
8號：控制、強權型(外化)	6號（中心）、4號（內化）：3號（中心）、5號（內化）：2號（提升）
9號：和諧、遲緩型(中心)	4號（內化）、7號（外化）：5號（內化）、2號（外化）：3號（提升）

▶ 四、團隊成員個性組合先後順序表

個性組合優先順序表的目的是，在組建團隊考慮個性因素時，某個性類型與其他個性組合時能夠互相激發雙方個性優勢一面，規避雙方個性劣勢一面的個性搭配類型先後順序。

個性組合順序原則：

1. 首選提升型號，避開瓦解型號：

2. 以本型號給基點，以順時針方為旋轉方向，依次選擇相關的型號。

例如：3號組合順序，首選3號的提升型號6號，其次以3號為基地沿著順時針方向，依次選擇相關的型號，即3號順時針方向相關的一個型號依次為5號、7號、8號、1號，如表2-4所示。

表2-4 個性組合先後順序表

型號 ＼ 順序	第1位	第2位	第3位	第4位	第5位
1號	7號	2號	3號	6號	
2號	4號	1號	6號	9號	
3號	6號	5號	7號	8號	1號
4號	1號	6號	7號	8號	9號
5號	8號	9號	2號	3號	
6號	9號	8號	1號	2號	4號

7號	5號	9號	3號	4號	
8號	2號	9號	3號	4號	
9號	3號	2號	4號	5號	7號

▶ 五、團隊角色與個性對應關係

根據 9 種個性提升與瓦解的觀點，每種個性都有可以透過提升來改善自己的個性特點。表 2-5 是依據個性組合優先順序表與團隊的 9 種角色，列出個性與角色最佳搭配表。在個性與角色搭配時首先選擇一一對應的類型，如角色訊息者（RI）首先選擇 2 號個性進行搭配；其次選擇經過提升後為 2 號個性的型號，如 4 號提升後會表現出 2 號的特點；再次選擇第 3、4、5、6 位的個性類型；其他以此類推。

表 2-5 個性與角色最佳搭配表

團隊角色類型	第1位	第2位	第3位	第4位	第5位	第6位
完美者（CF）	1號	4號	2號	3號	6號	
訊息者（RI）	2號	8號	1號	6號	9號	
實幹者（CW）	3號	9號	5號	7號	8號	1號
創新者（PL）	4號	2號	6號	7號	8號	9號
專家（SP）	5號	7號	9號	2號	3號	
監督者（ME）	6號	3號	8號	1號	2號	4號
協調者（CO）	7號	1號	9號	2號	3號	
推進者（SH）	8號	5號	9號	3號	4號	
凝聚者（TW）	9號	6號	2號	4號	5號	7號

▶ 六、根據工作職位選擇相應型號

每個工作職位的性質是不同的，需要根據職位的實際需要來挑選合適的員工，如表 2-6 所示。假設銷售人員在遇到挫折的時候，需要樂觀

的態度，那麼就在下面分類方法表中，就需要選擇面對困難三元組組中的樂觀組（2號、7號、9號）。具體組別的含義，請參照第一章第二節的內容。

表 2-6 根據工作職位選擇相應型號

類型	人格來源 三大中心	人際關係 三元組	面對困難 三元組	客體關係 三元組
2號	情感組	屈從組	樂觀組	拒絕組
3號	情感組	進攻組	能力組	迷戀組
4號	情感組	退縮組	強烈情緒組	沮喪組
5號	思維組	退縮組	能力組	拒絕組
6號	思維組	屈從組	強烈情緒組	迷戀組
7號	思維組	進攻組	樂觀組	沮喪組
8號	本能組	進攻組	強烈情緒組	拒絕組
9號	本能組	退縮組	樂觀組	迷戀組
1號	本能組	屈從組	能力組	沮喪組

▶ 七、低績效團隊普遍存在的問題

1. 團隊中不合適的角色構成

　　不合適的角色構成包括角色衝突、角色重疊以及角色缺失。其中缺少某個或某些角色是降低團隊績效的首要問題所在。其顯著性會因角色缺少的個數、程度和任務的性質而有所不同。

2. 團隊中存在沒有角色的成員

　　團隊成員需要透過一定的角色對團隊工作做出貢獻，然而確實存在一些人，他們不適合團隊工作，缺乏合作意識，融不進團體當中，因而也不可能有效地扮演相應的角色。這些人的存在是團隊的負擔。

3. 團隊成員的角色模糊

角色模糊使得團隊成員不能正確掌握自己或他人在團隊中的行為，進而造成焦慮、徬徨等負面情緒，影響績效。

▶ 八、管理者在分配和平衡團隊角色時應注意

1. 團隊功能與團隊角色之間的和諧

每個團隊既承擔一種功能，又承擔一種團隊角色。團隊角色的分配不是按照 1：1 的比例分配的，可以有一些重疊。一個團隊需要在功能和團隊角色之間找到一種令人滿意的平衡。

2. 成員人格特徵與團隊角色之間的和諧

沒有絕對好的人格特徵，也沒有絕對好的團隊角色。有些團隊成員比另一些團隊成員更適合某些團隊角色，這取決於他們的個性和智力。

3. 團隊角色與效能之間的平衡

團隊的效能取決各種相關力量，以及按照各種力量進行調整的程度。一個團隊只有在具備了範圍適當、平衡的團隊角色時，才能發揮應有的效能。

4. 每一個團隊任務角色都必須由團隊成員來承擔

管理者要麼承擔主要角色，要麼確保把它們分配給團隊成員。而團隊建設和維持角色在性質和功能上不同於團隊任務角色，一個團隊成員承擔一種以上的角色，或者兩個、兩個以上的成員分擔某一個角色都是可能的。

第三章

1 號完美型的辨識和管理方法

第一節
1 號的人格特質

　　1 號是一個完美主義者。這一類型的人重視原則，不輕易妥協，黑白分明，時刻要求自己，同時也會要求別人做到最好。他們都有自己的標準，無論是生活上、工作上，還是感情上都不斷地追求完美。第一類型的人把一切的事物都分成對與錯兩種，他們非常遵守時間，面對數字時非常敏銳，是一位很好的財務管理人員，如圖 3-1 所示。

積極特徵	負面特徵
追求完美	過度批判
有原則性	固執己見
公平公正	自以為是
認真負責	容易反感
注意細節	易怒死板
遵守規則	過度完美
勤勞自律	缺乏彈性

圖 3-1 1 號的性格特徵

▶ 一、基本特徵：追求完美

欲望特質：追求完美。

基本欲望：希望自己是對的、好的、有誠信的。

基本恐懼：怕自己錯、變壞、變腐敗。

童年背景：做別人滿意的事，以表現得無懈可擊避免遭非難指責；經常與不完美交戰，不能容忍不對。

性格形成：很多有個自我要求很高的長輩，很善指導和批評；從小得不到別人的鼓勵和讚美，轉而要求自己要做得盡善盡美。

力量來源：推動目標朝向理想而努力奮鬥，他們的判斷能力很強；身體力行，為了追趕自己的理想目標，總是精力充沛。

理想目標：為公司、家庭的美好秩序，付出全部的心力，是非常有道德感的人，並且誠實而公正，不呈現人性的弱點。

做事動機：希望把每件事都做得很好，時時刻刻反省自我有沒有犯錯，也改善別人的錯；希望把一切道德標準都納入秩序中。

人際關係：很少講出稱讚的話，很多時候只有批評，無論是對自己，或是對身邊的人也是如此。

常用詞彙：應該、不應該，對、錯，不、不是的，照規矩。

生活風格：愛勸勉教導，用逃避表達憤怒，對生活要求也要有規矩，相信自己每天有做不完的事。

了解特質：世界是黑白分明的，對是對，錯是錯，做人一定要公正，有節制；做事一定要有效率。

自我要求：只要我做得對，就 OK 了。

順境表現：追求崇高的理想，追求完美。

逆境表現：過度批判，缺乏彈性，自以為是。

處理感情：壓抑，否定，將感情注入工作／活動中，追求完美，願意跟隨團體，討厭不守規則的人。

身體語言：面部表情變化少，嚴肅，笑容不多；講話方式缺乏幽默感；毫不留情，不懂得婉轉；重複資訊多次；速度偏慢，聲線較尖。

▶ 二、工作中的特徵：以身作則

座右銘：循規蹈矩。

深層恐懼：受譴責。

典型衝突：我對你錯。

深層渴望：正確、被認同。

基本困思：我若不完美，就沒有人會愛我。

管理方式：以身作則。

工作優點：肯承擔責任，有正義感，公正、賞罰分明，情緒穩定。

工作缺點：不時看到可以改善的地方，令同事總是覺得自己做得不夠好，批判態度、追求完美、吹毛求疵。

適宜的工作環境：架構明顯，規條清晰，需要留意細節，環境穩定不變，精確工作標準、技術性，不需牽涉辦公室政治。

不適宜的工作環境：新公司，新生意，變化大。

不能處理逆境時出現的特徵：強逼型性格。

1 號警鐘：過強的責任感，執著於糾正、組織、控制環境，焦點放在錯處，擔子日益沉重。

時間管理：與時間競賽，解救方案，撥出時間放鬆及享受生命，太緊迫的時間表令 1 號過度自我批判。

常見問題：生悶氣，無病呻吟，偏見。

解救方法：邀請 1 號講出不滿，欣賞他的責任感及承諾感，幫助他對事物擁有平衡的看法。

1. 工作中的描述：努力認真

凡事必負起自己的責任。

完美型的人很善良，是位很努力工作的人。

注重公司的紀律，守時、守法。

對工作的要求是規律、整齊，盡其力令其井然有序。

工作保持乾淨、有秩序，所有東西放在固定地方。

盡量做到今日事，今日畢，不拖延該辦的事情。

很注重人前的形象，端莊，淑女化、紳士形象是本質。

很難坐下來休息，總想著有事要做。

心很細，注重小節，整天忙碌。

工作態度嚴謹，因此不喜歡別人工作態度隨便、草率、不守規矩。

做任何事，必有自己的計畫，不會盲目沒主見跟隨別人的想法。

對自己做事的方法，仍常常檢討改進，並修正再修正。

發覺有不對的地方，立刻會改正，但常常是矯枉過正。

2. 工作中的情緒：自以為是

經常壓抑自己憤怒的情緒。

表面看起來端莊、高貴而嚴肅。

衣著是很整齊乾淨，保持環境整潔，並且一絲不苟。

常批評別人的不好，經常搞得大家都不愉快。

不喜歡說甜言蜜語的話，喜歡雞蛋中挑骨頭。

很愛面子，常常很生氣而不表達，所以臉部表情嚴肅，很少笑。

思想古板，不會幽默，沒有彈性，用二分法來判斷事情。

肢體不柔軟，對別人的熱情、親熱很難接受，並會批評沒有禮教。

很努力進取，如果發覺自己沒有進步，會非常不滿意自己。

自我要求很高，因此常常不停地挑剔自己，也不由自主地常挑剔別人。

▶ 三、屬於面對挑戰的類型

1 號是實幹家，直接應對面前的形勢，試圖箝制本能，並讓它們指向超我認為值得的目標。1 號看上去十分自信，雖然這種自信更多地源自理想的正確而非他們自己。從表面上看，1 號看到了他們與自己所追求的理想的差距，從而與世界建立起聯繫。

1. 健康的狀態下

很積極、穩定，能保持平靜，把平靜帶到需要的地方。很公正，保護被壓迫者，有能力看到別人的優點，會刺激別人往好的方向努力。有原則，不自私，有崇高的理想。不勉強別人，有較強的判斷力，能幫助別人看到事物的關鍵。遵守道德，重視真實、公正、客觀，值得人信賴。他們是道德感非常好的導師。

2. 一般狀態下

最感興趣的是熱切地努力追求完美，只要能與理想保持某些關聯，則無論表現得多麼糟糕，都是正當的。對現狀感到不滿，企圖改善環境。碰到不被愛時強調自己很對，不准自己內心有怒火，壓抑自己的情緒衝突。

3. 不健康狀態下

　　不能承認自己錯，把錯、消極的面投射在別人身上，會懲罰別人微小的過失，卻赦免自己的重大錯誤。原來不好的說成好，憤恨在談話中顯出來。強而有力地批評別人。他的標準總是現在就要達到，如果現實無法達到標準，則經常想要不斷修正身邊的人。

▶ 案例分享

　　開啟活動門 —— 他們彷彿居住在上下兩層的房子裡，把不能接受的情感鎖在地下室裡，他們會在上下兩層中間安裝「活動門」，讓自己上下穿梭。他們的公眾生活是積極正面、循規蹈矩的，但是他們的私生活卻充滿了帶有禁忌的幻想。

究竟哪個型號做得對？

　　王某（1 號完美型）是一家企業的專案經理，他安排員工 A（3 號成就型）、B（6 號忠誠型）與 C（9 號和平型））3 位員工出差去完成一項緊急任務。

　　按公司制度規定，員工出差的交通工具是火車。任務既重要又緊急，一刻也不能耽擱。然而天公不作美，當列車行駛到中途時，因為天氣的影響而不斷臨時停車。他們想請示 1 號，但因為天災造成通訊裝置故障而無法聯繫總公司，三人只好在火車上臨時商量對策。

　　3 號首先提議下一站提前下車改搭飛機，因為最重要的是在原定的時間到達目的地；面對 6 號的反對，3 號最後表示，如果改搭飛機而讓上頭怪罪下來，他就頂著。要是專案誤了事，所有人包括王總都脫不了關係。

6 號不同意，擔心怪罪下來。他說，反正遇到天災，不能按時趕到也不是他們的責任。

9 號左右為難，半晌也不做聲。

3 號和 6 號互相爭執不下，在得到 3 號的保證之後，6 號答應改搭飛機，此後任務順利完成。

3 號覺得自己靈活應變的決策應該受到表揚，但 1 號雖對他們及時到達很滿意，但聽說擅自改搭飛機的事，馬上訓斥了 3 號一頓，表示搭飛機多花的錢由他們自己承擔，而且要開個檢討會檢討 3 號。

在一個月後的檢討會上，員工們都覺得 3 號並不過分，反而是 1 號過於死板或吝嗇。王某斬釘截鐵地說：「國有國法，家有家規，我並不是捨不得機票錢，而是擅自決定臨時改搭飛機違背了制度。我們今後可以完善制度，但這次仍然必須照章執行！」

▶ 案例分析

王某的決策是由其 1 號完美型人格決定的，1 號的核心價值觀是必須按照「標準」（通常是他自己制定的）把事情做正確，因此注意力焦點往往落在一些不符合標準的缺陷、疏漏，在決策時往往提出過高標準，關注細節規範和過程完美，否則即使達到完美結果也仍然認為不合格。

A 屬於成就型人格的 3 號，對他來說，達到「目標」並獲得「認可」才最重要。3 號做出「改搭飛機」的決策與 3 號人格關注「對目標有利的事物」有關，他們最害怕的不是「錯誤」而是「目標的落空」，也就是「失敗」。B 屬於 6 號，做出的「未獲允許維持現狀」的決策，符合 6 號忠誠型的核心價值觀 —— 穩妥、確定、保障。C 屬於 9 號，「不做決定」的決策是由 9 號和平型人格追求「和諧」的核心價值觀所驅動。

細節決定成敗

楊某於工廠負責品管，在一臺冰箱的夾層裡發現了一根頭髮。她立即召開全體相關人員開會。有的員工說，一根頭髮不會影響冰箱的品質，拿掉就是了，沒什麼可大驚小怪的。但楊某斬釘截鐵地告訴在場的幹部和員工：「抓品質就是要連一根頭髮也不放過！」

看製作流程、找問題，楊某一個部門一個部門地走，一個問題接一個問題地學習、討論、研究。有時因為沒領會認證的精髓，十幾個部門加班做出來的程式檔案只能推倒重來。在度過了許多個伴星陪月的深夜後，楊某終於率領一班人馬完成了準備工作。當苛刻的認證組完成全部稽核，並當場得到他們以較高的分數通過稽核認證的消息時，被成功的喜悅、辛勤勞動的回報所激動的楊某再也控制不住流下了激動的淚水（1號有2號激動的這種性格）！

楊某從不因自己是女性而遷就照顧自己，更沒有因自己是女性而降低標準和要求。有很多企業的品質被客戶所「詬病」，跟公司在品管這一關有沒有用對人有關係。用好1號就等於是在品質上進行無窮無盡的提高。因為沒有某項天性的人做再多的努力，也比不過賦有天性者所做的。同樣的頭髮事件，換成另外型號的人，就會有不同的處理結果。

第二節
如何高效地管理 1 號員工

　　1 號員工適合在規則清晰的寬鬆的工作氛圍中做事，他們常常陷入追求完美的陷阱，引起各種的負面情緒，觸發各種同事關係的不協調，為此他們壓抑自己的情緒，不表現自已的不滿，使自己經常陷人兩難的二重人格狀態。他們壓抑了本性中的非理性方面，壓抑本能衝動和個人欲望。

▶ 一、1 號員工存在的問題

1. 陷入完美的陷阱

　　完美型的人，這輩子的執著及目標就是完美。為自己定下了規律和秩序，每件事情都要衡量一下，評估一下，希望自己做事條理分明、井然有序，偏偏人生無常，想要維持恆常。但完美型的人不相信無常，要求自己非常嚴格，對別人也不在話下，弄得身邊的人跟著精疲力盡、壓力十足。

2. 產生分裂的人格

　　當他們陷入追求理想與在現實世界中實現理想之間的衝突時，正常的人類欲望就會受到越來越多的壓抑。1 號員工有兩種分裂狀態。第一種可見的自我與外在的分裂，第二種是不那麼顯而易見的內在的分裂：

自我分裂為兩半，一半是呈現在世界面前的高度冷靜理性，另一半則是受到壓抑的情感。

3. 壓抑憤怒的情緒

憤怒是其常出現的情緒，但他們並不願呈現出來。完美型的人知道憤怒是很難看的，由於事事都在自己的要求之下，給了自己好大的壓力，又看到別人毫不兢兢業業，憤怒的情緒就如決了堤的河，排山倒海而來。

4. 做事不願授權

大小事件都不敢委託他人，事必躬親是完美型的人物最浪費精力的原因，另外，做事細心，太注意小節，也將精力消耗而盡而無法有大建設、大進展。1 號員工作為普通的員工是沒有問題的，但如果作為中層的管理者，就要告誡他們，不懂得合理授權，把自己累死，也不會提高效率。

5. 改過容易走極端

完美主義的人，好像只要發現自己沒有走向正義，就會非常不滿意，要立即改過；而他們的改過方式是極端的，可以從這一頭立刻調到另一頭。譬如工作的時候，想休息並吃頓好吃的，立刻警告自己，立刻打斷念頭，不休息並隨便吃吃。

▶ 二、高效管理 1 號員工的方法（圖 3-2）

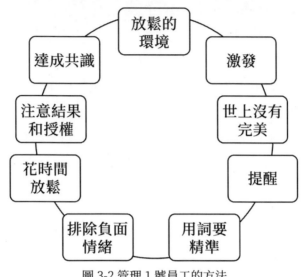

圖 3-2 管理 1 號員工的方法

1. 告訴他們，世上沒有完美

時刻告訴他們：世上沒有絕對的完美！要求完美的結果是帶給自己及別人（身邊的人）壓力，會破壞身邊的平衡與和諧，結果將會是最不完美。當他們想開口批評埋怨時→阻止他們的衝動→給點時間讓他們放鬆情緒→用一些休閒娛樂來抒發他們的執著及精力→放下標準、完美及要求，開心地過好每一天。

2. 為其營造放鬆的環境

1 號員工很難盡情享樂。但要做好一件事情，就必須放鬆心情。體貼自己之後才能體貼別人，如此才能享受美好時光，也能讓周遭的人感染這種輕鬆的氣氛，凡事差不多就好了。事事追求完美的態度，在工作裡常常碰釘子、不如意。調整對每件事的看法，輕鬆面對！

3. 跟 1 號員工進行溝通

　　用詞要注意精準，不能模稜兩可，說話要具有權威性。1 號員工如果認為你作風不正派，無論你說得多麼好，他都不會立刻就聽你的。1 號喜歡批判他人，往往一張嘴就是批判。作為上司，你要告訴 1 號雖然他很多意見是好的，但是要把它們變成建設性的意見提出來，而不是用批判的方式提出來。還有，1 號想事情一定是正反兩面都兼顧的，如果你只講事情積極樂觀的一面，1 號是不會服你的。所以，你把好的方面說完了，也要說一下不足的地方，這樣 1 號才會認可你。

1. 你必須以理性、合乎邏輯，並且以正經的態度和他們溝通，才能獲得他們的認同。

2. 你可以適時表現一些幽默感，緩和他們的嚴肅僵硬，藉以使他們放鬆心情，放心發揮他們應有的幽默，並且凡事試著朝正面想。

3. 說話要真誠、直截了當。因為他們十分敏感，加上判斷力很佳，對於別人玩弄伎倆，了然於心。如果你拐彎抹角，只會令他不屑與厭惡！

4. 排除負面情緒

　　1 號經常自我壓抑，長此以往就會變成一個沉重的包袱。1 號的上司必須注意這一點，及時為 1 號「排憂解難」。1 號傾向批判，對此你要有心理準備，嘗試讓 1 號將批判轉化為正面的建議；鼓勵 1 號說出心中的不滿，幫助 1 號抒發心中的情緒。欣賞 1 號的責任感及承諾感，允許 1 號辯論事情的正反兩面，幫助 1 號客觀地看待事物。

5. 花些時間放鬆

當 1 號員工在很長時間裡，都有很多工作要做的時候，他們可能會變得少言寡語、煩躁不安，容易憎恨和憤怒。當 1 號度假的時候，多數情況下能夠放鬆，也有的時候很難放鬆。建議他們每天拿出 1 小時的時間，純粹放鬆。聽一聽自己喜歡的音樂，讀一本和工作不相關的雜誌，或是自己出去散步，享受那種無牽無掛的感受和體驗。

6. 提醒他們給團隊帶來的影響

提醒他們，不管是自己還是每個團隊成員的人際關係，無論是好還是更壞，都可能對團隊的其他人或是整個團隊帶來意想不到的結果。例如，當他不能忍受一個成員不易相處的人際行為時，其他人會認為這是在縱容這種行為，而自己沒有這方面的權利。

7. 如何激發 1 號員工

1 號是理想主義者，有遠見，做事高要求，井井有條，很真誠，很公正，一碗水端平，這些都是 1 號值得嘉許的地方。你要激發 1 號，就要安排 1 號尊重的人指點他。另外，工作架構要清晰。還有，就算 1 號做錯了也不能埋怨他，你不但不能埋怨他，你還得告訴他錯是對的基石。1 號做事一般是光瞄準不射擊，原因是他怕錯。你要對他說：你先打一槍，打不中沒關係，只要調整一下，下一次就會打中紅心。

8. 注重結果，注意授權

1 號是跟時間比賽的人。1 號為什麼這麼緊張？首先，1 號追求完美，做到 100% 還不夠，一定要做到 101%。其次，1 號不肯授權，凡事親力親為，從而使自己時間緊張。想要解救 1 號，你就要告訴他把焦點放在

結果上，不要太重視過程。安排工作的時候，你也不要把 1 號的時間排得太緊。如果時間太倉促，1 號完不成工作，他又會把矛頭指向他人，批判你和周圍的人。

9. 與 1 號員工達成共識

1 號立場堅定，原則性非常強，黑是黑，白是白，沒有中間地帶，所以你要拿出清晰的事實依據，用事實說話，才能說服他。1 號的字典裡根本沒有「共識」這兩個字，他認為要不是我向你妥協，就是你向我妥協。當然，1 號也是喜歡共贏的，九型人格中，1 號和 8 號是最懂得共贏的。1 號的字典中沒有妥協，只有對與錯；幫 1 號將事實、數據弄清楚，引導他共創雙贏。

▶ 案例分享

無微不至的批評會成為枷鎖

有一個 1 號應屆畢業生，剛到某公司行銷部門工作，部門主管派他到外地談判。在他離開公司之前，收到了部門主管傳來的一份詳盡的備忘錄，包括從火車站怎麼去地鐵站，下了地鐵站怎麼到達對方公司，對方公司附近有哪家影印店……

當他回到公司時，自然順利地帶回了合約；他也經常自誇，沒有比我們更嚴謹的行銷團隊了。可沒過多久，他又抱怨，部門裡每個員工都能完成分配給他們的任務，但工作熱情卻普遍不高，很多有潛力的員工也沒能發光發熱。

對於 1 號，葉子長太高的草會被割掉，無微不至的善意批評，往往也會成為枷鎖。既然要麼完美、要麼重做、要麼不做，他們自然更多地

選擇不做。雖然 1 號型有著極強的自信，他們認為自己會比任何人做得更好，也會比所有人都更加負責。但是，任何員工都不可能將任務做得完美無缺。

完美 1 號的華麗改變

上司 B 深諳人格管理法，他有一個下屬 A，屬於 1 號完美型。他發現，A 在做每一件事的時候都希望能達到專業的水準，沒有把握時寧願不動手。在 A 的意識裡面，似乎沒有「成功」的概念，每達到一個目標都會覺得「沒什麼」，很快地注意到那個更高的目標。B 覺得 A 的能力比較強，試著派發給他更多的工作，但 A 不會說「我做不完」，反而是承諾給上司一個超過預期的時程。實在壓力太大的時候，A 心裡也會很惱怒，只是沒有爆發到上司身上而已。

上司 B 發現了 A 的情緒後，經常指導 A 要注意放鬆自己，不要壓抑自己的情緒，要量力而行，懂得和大家配合，不要實事求極限。並且經過慎重考慮， B 決定給 A 放一個兩個月的長假，希望他好好放鬆一下自己。期間 A 產生了一些心理對話：「這樣是不是有點不務正業？」但很快能找到平衡，他決定打網球、看書、睡覺，好好享受了一把。這是 A 走出大學校門以來最無憂無慮的一段日子，家人也替他開心。在工作中，給自己和給他人的壓力明顯減少了許多，潛力反而更好地發揮了出來。從此，A 能夠真正明白「萬事都有一個過程」，不再因為刻意追求完美而撿了芝麻丟了西瓜。

A 決定改變自己，先從改變自己和他人的關係開始。A 是一個好人，優點數不清，可 A 朋友並不多，以前看到不順眼的人和事他特別不能容忍，別人也覺得他很難相處。了解了自己的性格特點後，A 發現自己變得包容了許多，快樂了許多，明白了過往的一些標準也只不過是自我設

定的而已，這世界並不只有黑白二色，開始懂得去欣賞身邊的人。

上司 B 把一個 6 號的員工，分到 A 的下面做助教。上下級的關係讓 6 號有些壓力，再加上 A 是久經沙場，這個員工不免有些擔心。剛開始，這個員工面對不可一世的學員，完全沒有自信，小組會議經常是說不了兩句話，跟學員溝通時也不太敢表達自己的立場，要麼就強壓。A 特別注意從激發他的自信開始，讓他更多地去看到學員們對他的欣賞。這個過程比較漫長，有時 A 心裡在叫：「怎麼還這樣？」但 A 還是體諒這個員工無法控制的根源。欣喜的是，這個員工在這次做助教的經歷中取得了很大進步，A 發現自己在降低要求，幫助別人，欣賞別人的同時，也實現了華麗的轉身。

如果你的員工是 1 號，要注意不要對他們的要求過於苛刻，以免激發他們的負面情緒。提醒他們不要太過追求完美，有一首歌叫《執迷不悔》，其中有句歌詞特別好：「我不是你們想像的那麼完美，有時候也會辨不清真偽。」身為管理者，重要的是提高他們的準確性和效率，而不是讓他們陷入痛苦或是變成機器人。人生沒有必要那麼執著，誰在工作中掉進了執著的泥淖，誰就會很快地敗下陣來。

第三節
在最佳團隊中的角色和配對方法

團隊執行需要 3 種主要的力量，它們分別來自於不同的角色，每種角色來自於相對應的個性類型。表 3-1 演示了團隊力量的角色構成及每種角色最佳的對應類型。例如，完美者（CF）最佳的對應個性類型是 1 號，屬於最具執行力的團隊類型。最佳團隊的三種力量就是團隊的領導力、團隊的創新力、團隊的執行力。

表 3-1 團隊力量構成表

領導力		執行力		創新力	
角色類型	最佳匹配個性類型	角色類型	最佳匹配個性類型	角色類型	最佳匹配個性類型
實幹者(CW)	3號	完美者(CF)	1號	訊息者(RI)	2號
專家(SP)	5號	監督者(ME)	6號	創新者(PL)	4號
推進者(SH)	8號	凝聚者(TW)	9號	協調者(CO)	7號

▶ 一、最具執行力的個性類型

適合團隊的執行力的角色如圖 3-3 所示，有完美者、監督者與凝聚者。與完美者相匹配的個性有 1 號與提升了的 4 號；與監督者相匹配的個性有 6 號與提升了的 3 號；與凝聚者相匹配的個性有 9 號或提升了的 6 號。

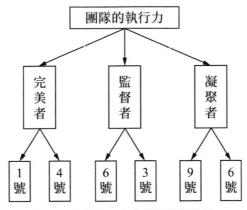

圖 3-3 執行力、角色與個性關係圖

　　1 號員工非常樂意打造關注高品質產品和服務的團隊。1 號把自己的高標準、嚴格要求既應用於團隊的最終目標上，也將其應用於團隊的持續工作上，例如 1 號領導者能夠發現打字文稿中的問題、錯誤語法、不正確資訊、傳遞不及時、分析不夠準確、沒有跟進等諸多問題，這也在一定程度上造成了他們的煩惱。

　　1 號員工認為自己是肩負高標準、嚴格要求使命的人才。他們渴望建立組織良好的團隊，讓團隊關注可實施、清晰化、可實現和堅定不移的目標。1 號員工喜歡角色職責毫不含糊的團隊，這樣每個人就能清晰自己的職責範圍，他們用這些原則來完善團隊的工作，確保良好的團隊組織和清晰的個人職責持續下去。

　　1 號員工知道什麼地方不完美，可能會無意識地表現出過度批評。例如，當給團隊成員回饋的時候，他因為一個較小的問題，用了比較尖銳的語氣。與此相關的是，1 號傾向於快速提出自己的意見，如果 1 號的意見是否定的，會對其他成員表達他們的觀點產生影響。

　　1 號員工儘管崇尚公平正直，不過他們也有偏愛，他們更信賴某些他們認為可以依賴的團隊成員。他們認為很有天分的團隊成員，可能有

各種令人反感的人際行為，不過 1 號往往視而不見，反映出 1 號對自己喜愛成員的一種偏愛。

　　1 號員工喜歡做具體的日常工作，這使得他們有時很難處於團隊領導的策略水準，如制定策略計劃、提供監督和擔任顧問、銜接團隊和組織的其他部門。1 號員工也不願意把自己喜歡的細節工作交付他人。

▶ 二、4 號如何提升到 1 號來匹配團隊角色完美者

　　4 號被不切實際的幻想所吸引：理想狀態永遠不是此時此地。性格內向、憂傷、敏感，具有藝術氣質，會因為失去一個朋友而傷心不已，也會痴心於一個不存在的戀人。提升後的 4 號表現出 1 號的優點。4 號提升到 1 號的策略有以下幾種。

1. 不要將每件事都視為與自己有關。

2. 不要放棄，喪失信心常常阻撓 4 號。

3. 不要待在一個位置，活動是令 4 號跳出困局的良方。

4. 下一次見這個情感大浪湧起時，問自己：「我是否又重蹈覆轍？」「我在逃避什麼？」「平凡？沉悶的責任？」「我選擇不去面對的是什麼？」

5. 留心自己把專注放在「沒有」的地方，學會珍惜現在，即當下「有」的地方。

6. 提醒自己「遺棄」是過去的事，並非不能避免的事。

7. 每日找些正面的事去慶祝。

8. 留心「自我沉醉」只是掩飾那被人遺棄的恐懼感，倒不如留心這一刻什麼對別人是最重要的。

9. 欣賞自己可以體諒別人傷痛的能力，但不要捏著別人的痛苦不放。

10. 建立「系統」「方法」令日常生活可以有所作為，不被情緒的高低而阻撓。做自己做得到的事。

▶ 三、4 號提升到 1 號的練習

1. 練習自我意識

應該特別地注意在所期盼和錯過的事物上投入了多少時間，這些所期盼和錯過的事物很重要但又沒有出現。每天想想下面的問題，每次用一分鐘左右的時間：什麼東西會讓自己覺得失望？生活中還缺少哪些東西？那些可望不可及的東西是如何吸引自己的注意力的？有哪些既好又現實的人或事是自己常常能夠經歷的？

2. 練習採取行動

由於浪漫主義者的注意集中於過去和將來的理想事物，所以他們常常不能接受每天的尋常生活。每天有意識地去擁抱和承認生活中的尋常經歷。重視那些所謂的小事，比如必要的日常工作、與別人的偶遇以及你周圍的美好事物。為了檢驗作用，可以留意一下自己在面對現實的時候是滿足感多一些還是失望多一些。

3. 預演練習

在早晨剛醒來時，可以透過幾分鐘的呼吸訓練來集中自己的注意力。要學會用平和的心態對待生活並學會保持穩定的行事方式，要排除任何波動的情緒。為了做到這一點，擺脫強烈情緒的左右，不理會那些讓人失望的事物，以及接受尋常生活中那些積極而有意義的事物。當進行此項練習時，應該採取這樣的態度，即這些預想中的改變將會變成現實。

4. 回顧練習

晚上，用幾分鐘的時間去回顧今天所取得的進步。今天做得如何？今天有沒有抱怨那些讓人失望，但並不是很重要甚至不存在的事物？有沒有受到情緒波動的影響，是否保持了穩定的行事方式？有沒有調整自己的心態以免再次陷入強烈的渴望或嫉妒之中？體驗是否比較全面？透過這種回顧，用今天的收穫去引導明天的行動和思維。

5. 練習反思

每個人與其他所有的任何人和事都有一種深入徹底的聯繫。因此，4號的最終目標是認同一種整體感和喜愛，而這種感覺來自欣賞那些此時此地已經存在的事物。當了解到與某些事物失之交臂的感受是把過去和將來理想化的結果時，當將注意力集中於對現實的滿足感之時，最終目標就會變得更加容易實現。

▶ 案例分享：《西遊記》組隊去西天取經的故事

《西遊記》是一部講述唐僧、孫悟空、豬八戒和沙悟淨師徒 4 人組建了一個團隊一起去西天取經的故事。這 4 個人有著極為鮮明卻不同的性格特點，他們組成的團隊，一路上降妖除怪，一切都剛剛好，順利達到了目的。

唐僧是那種「完美型」（1 號）的人，他崇尚美德，喜歡修練自己的心靈世界，追求至善至美的藝術品味，嚴肅認真、注重細節、執著地追求真理，一往無前，一直遵循著「既然值得去做，就應該做到最好」的信念。

孫悟空是那種「領袖型（8 號）的人，他永遠充滿活力，勇於超越自

己，崇尚行動，無堅不摧，在意工作的結果，對過程和人的情感漠不關心。他經常會顯得霸道和冷酷無情，令人害怕。

豬八戒是那種「活躍型」（7 號）的人，他崇尚樂趣，情感外露，熱情奔放，對生活充滿熱愛，與他在一起永遠也不會無趣。但他經常好逸惡勞，缺乏責任心，以至於惹出了很多事，供人們作為談資。

沙悟淨是那種「和平型」（9 號）的人，他崇向低調，情緒過於內斂，喜歡隨波逐流，習慣既定遊戲規則，聽天由命。他經常性地沒有主見，缺乏對生活的熱情，比較馬虎和懶惰。

這 4 人各有各的性格特點，為什麼 4 個人不同的性格特點組成了一個完美的無堅不摧的團隊，歷經千山萬水，不惜跋山涉水，能夠成功地取到真經？

這給團隊建設的啟示是，一個成功的團隊不常要每一個人都很優秀、性格都一樣，但卻需要完美地配合和組織在一起，共同去完成一項大家都認可的事業。比如，一支足球隊，除了需要前鋒來負責進球外，也需要後衛和門將來負責防守，這樣才能在防住對方的同時，還可以取得進球，獲得比賽的勝利。一個團隊也如此，需要形形色色的人，不同性格特點的人，只有如此一個團隊才會變得更加具有戰鬥力和合作力。

唐僧作為「完美型」的代表，在西天取經的路上，一直保留堅定的信念，任何事物也無法動搖他西天取經的決心，加上有高瞻遠矚的哲學頭腦，讓他可以教導好「領袖型」的孫悟空、「活躍型」的豬八戒和「和平型」的沙悟淨，真正造成團隊領袖的角色，就好比團隊裡的領導者，具備領袖的氣質和魄力，使得具有不同性格特點的人，都願意信服和聽從他的領導。

「領袖型」的孫悟空，具有超強的執行力和極強的競爭力，一路上降

妖除怪主要就靠他，他多次力挽狂瀾地渡過一次次的難關；可以說沒有孫悟空的協助，西天取經是不能完成的。有孫悟空這樣的角色在，才可以很好地將策略和方案執行下去，真正實現團隊預期的目標。

「活躍型」的豬八戒，雖然沒有唐僧的執著和頭腦，沒有孫悟空的執行力和競爭力，沙悟淨的低調和務實，但他可以帶給團隊一種始終活躍的氣氛，不會讓師徒四人在取經的道路上，只有取經和難關，枯燥乏味，沒有一點生氣。他善於製造活躍氣氛，會讓團隊顯得特別有活力、有感情、有魅力，時時刻刻都充滿著快樂氣息。

「和平型」的沙悟淨，非常隨和和低調，任勞任怨，與任何人都可以建立良好的人際關係，喜歡聽從權威的想法和見解，在取經的道路上，他雖然沒有大功，但是勤勤懇懇，在後勤保障上做出了不小的貢獻。而且他服從領導，能夠很好地執行，唐僧、孫悟空或豬八戒說一，他就不說二。雖然看起來沒有那麼重要，但一個團隊各種業務和瑣事都需要這種人來做，否則就非常困難並容易出事。

唐僧是西天取經中3人的領導者，那麼一個「完美型」、好像又有點手無縛雞之力的人，為什麼偏偏會被選中呢？「完美型」的唐僧除了擁有固執、哲學頭腦外，還具有孫悟空、豬八戒和沙悟淨所沒有的遠見和人生追求。唐僧比3個徒弟想得透、看得多、望得遠，沒有被眼前的利益所誘惑，一直執意要到西天取得真經。唐僧就好比一個團隊的領導者，先制定好一套宏遠的發展策略和目標，並考慮得很到位、很真實，著眼於長遠的發展，即使目前會有所損失，但為了長遠的利益發展，還是會堅定不移地前進。孫悟空雖然有很強的能力，但是他沒有方向，不知道往哪裡去，當一天和尚撞一天鐘；豬八戒是自娛自樂，所有的好事都要跟著，壞事盡量躲著；沙悟淨更是一心跟著老闆走，不大考慮自己

的個人需求。這樣一個團隊的搭配，才會生生不息、勇往直前。

　　不是所有的團隊都是這種類型。很多團隊並不擁有唐僧這樣的領導者，但只有唐僧這樣的領導者，沒有孫悟空等人的配合，也會無計可施。一些團隊的領導者是「領袖型」的孫悟空、「活躍型」的豬八戒和「和平型」的沙悟淨，只要恰當地組合，才能造成非常不錯的效果；除了去西天取經這樣的大事，都可以完成得不錯。

　　能夠領導好一個團隊向前發展，需要綜合多種性格特點和個人素養。比如，「領袖型」的孫悟空，在保持好自己強大的執行力的同時，也可以吸收唐僧高瞻遠矚的哲學頭腦和執著的人生信念，追求豬八戒熱愛生活、讓生活充滿樂趣的氣息，學會沙悟淨的兢兢業業和低調做事，使自己同時做到以關心人和關注結果為標準，實現目標的高效轉變。

第四章

2 號助人型的辨識和管理方法

第一節
2 號的人格特質

2 號是一個給予者，不管在時間、精力和事物等方面都表現得主動，普遍樂觀，慷慨大方。他們容易承認自己的需要，也難以向別人尋求幫助，總是無意識地透過人際關係來滿足自己的需要。他們善於付出更勝於接受，是天生的照顧者和支持者。為了使別人成功、美滿，他們能運用天生的同情心，給予對方真正需要的事物，如圖 4-1 所示。

積極特徵	負面特徵
有同情心	蠻橫無理
樂於助人	操縱性強
態度樂觀	占有欲強
和藹可親	喜歡埋怨
善解人意	干涉別人

圖 4-1 2 號的人格特徵

▶ 一、基本特徵：樂於服務他人

欲望特質：追求服務。

基本欲望：感受愛的存在。

基本恐懼：不被愛，不被需要。

主要特徵：渴望別人的愛或良好關係，甘願遷就他人，以人為本，

要別人覺得需要自己，常忽略自己。

童年背景：自小被忽略，要承擔做大人的責任。

性格形成：很討人喜歡時，才會被長輩或周圍的人注意，以為要想得到愛是必須相對地付出代價，所以產生和形成了有條件的愛。

力量來源：沒有一件事可超越愛，有愛就有力量，有愛就有信心，欣欣向榮，把自己當成愛的天使，不停地去關愛別人、照顧別人。

理想目標：得到每個人衷心的喜悅和愛。跟別人的情感及生活緊密地接合在一起，才有生存的價值，如果別人不需要我，就覺得活得孤獨、乏味。

做事動機：很渴望別人的感情，願意付出愛給別人；如果看到別人滿足的接受，才覺得付出有價值。

人際關係：很喜歡幫人，而且主動，慷慨大方；對別人的需要很敏銳，很多時忽略了自己的需要。

常用詞彙：你坐著，讓我來；不要緊，沒問題；好，可以；你覺得呢？

生活風格：愛報告事實，逃避被幫助，忙於助人，否認問題存在。

了解特質：感性，熱心，取悅人，時常感覺自己付出得不夠，甘於犧牲，有感情帳簿。

自我要求：如果有人愛我及有人被我愛護，就好了。

順境表現：富於同情心，體恤別人的處境，付出無條件的愛。

逆境表現：蠻橫無理，操縱性強，對人有過分的要求。

處理感情：過分強調別人的需求，而忽略了自己的需求。否認本身的需求，對生命的失望、憤怒感、被傷害的感覺。

身體語言：柔軟而有力，願意與人有身體接觸；面部表情：柔和，笑容多；講話方式：語速輕快，聲線較沉，自嘲，有幽默感。

令人舒服的地方：溫馨，被照顧／關懷，被保護。

令人不安的地方：2號的愛有時令人窒息；缺乏客觀評估標準，愛人變成害人。

不能處理逆境時出現的特徵：戲劇型性格。

自豪驕傲：透過熱心幫助人去肯定自己，要朋友接納並欣賞自己。

占有控制：付出越多時間和心力，希望得到的回報更多。

► 二、工作中的特徵：助人成長

座右銘：施比愛更有福。

深層恐懼：沒有人愛。

典型衝突：偏袒某些同事，引起其他人的不滿，小圈子。

深層渴望：被人愛。

基本困思：我若不幫助人，就沒有人會愛我。

管理方式：感性，助人成長，全都往肩上扛。

工作優點：令人覺得特別／被欣賞。

工作缺點：聽話就有好日子過，否則不管你！

適宜的工作環境：人際溝通順暢，被重視，被愛戴；強調合作性，沒有人際糾紛。

不適宜的工作環境：缺乏正面的人際溝通，人際關係比較複雜。

2號警鐘：取悅人，表現過分友善，太關懷別人的處境，太過慷慨，過分阿諛奉承，填補內心的空虛，不能確定別人的好感是否是真的，不懂得接受別人的讚譽。

時間管理：防止2號越幫越忙，令他們分辨出他們想付出的未必是別人需要的；2號不容忍人際交往淡漠，提醒2號有時要袖手旁觀，給

予別人成長機會；鼓勵 2 號先做好自己的工作；提點 2 號不要將人家的
問題扛在肩上。

　　常見問題：扮演犧牲者，事事個人化。

　　解救方法：不要容許 2 號承擔太多的責任，將事與人分清楚。

▶ 三、工作中的描述：表達關心

　　以服務別人為快樂的來源。

　　對別人關心，並表達自己的愛護。

　　享受浪漫，常製造浪漫的環境及氣氛。

　　了解別人的需求並盡量滿足別人。

　　覺得很多人都喜歡「找我談心事」。

　　如果覺得別人需要幫助，會很樂於付出。

　　常把別人的事放在前前面，而忙碌中常忘掉自己的需要。

　　是一個很努力去幫助別人，以及把自己的愛完全奉獻的人。

　　很關心別人，也很善解人意，為別人的需要努力付出自己所有。

　　總覺得一天的時間不夠分配，有那麼多計劃該做的事，卻又心有餘
而力不足，本性善良，樂於助人，所以人緣很好，朋友很多。

▶ 四、工作中的情緒：熱情誠懇

　　不停地把愛掛在口中。

　　很熱情地對待人，對人很好，很有耐心。

　　心地慈悲，很願意貢獻自己的所有，施捨他人。

　　做人誠懇，給人溫暖，而且大方、慷慨。

　　服務別人時廢寢忘食，不知道累，而且感到興奮。

把別人成功、快樂、幸福都看成自己的成就。

以為別人有需要，就拼命地給，別人拒絕，以為別人假客氣。

喜歡別人依賴自己，被依賴就是被看重，那是幸福的。

付出時，別人不知悅納，會有挫敗感。

幫不了別人的時候，心中會很痛苦，再去想辦法，一定要幫。

有嫉妒心，別人不夠看重自己時，會很生氣。

只要看到被服務的人快樂滿足，也就滿足了。

對別人有很高的包容性，愛別人，同情別人，而且對人不批判。

有的人會讓他們生氣，這些人不了解他們的愛，所以他們會傷心難過。

他們是熱情而感性的，他們是坦然而不害羞的。

▶ 五、屬於需要回報的類型

2 號對他人有著強烈的感情，但也潛伏著一些問題。他們強烈地正面表現自己的感情，完全忽視了負面。他們把自己看成是愛人、照顧人的人，但他們愛人只是為了讓別人反過來愛他們。他們的「愛」不是免費的，而是要求回報的。2 號常常缺乏真正愛人的能力，因為他們沒有表現出其他「不良」的感情。

1. 健康狀態下

無條件的愛，能自由地給別人，不必酬勞，所以他們是所有人格型中最體貼、最有愛心的。他們也會真誠地關心，為別人做事，對人負責，給人實質性的幫助。很容易接受別人，十分敏感周圍的氣氛，站在別人觀點去看、去想，對世界付出愛和關心。具備和受苦的人一起受苦的能力，在社交上很能自主，表達感恩，滿足別人的幫助而不需他人回饋。幫助別人及愛護別人是他們的特性。

2. 一般狀態下

常幫助別人，逃避的是「我有需要」。「你們都需要我，沒我幫忙怎麼行」，壓抑自己的需要。有強迫性討好人的需要，發現自己有需要時，會威脅到做人的自我認同。計劃好應當怎樣做才能得到愛的回應，有一個自我認同的問題，2號對自己的看法也和實際不同。

3. 不健康狀態下

自我防衛：壓抑和投射。壓抑：不意識自己有需要，經常有很強烈的幫助別人的想法。投射：事實上自己有需要，卻將自己的需要投射到別人身上，無論他人是否需要都要幫忙。比較少關心別人真正的需要，只知道給別人自己有的，得不到他人的回報時，內心深處有失敗感。感覺別人沒良心，「我做了這麼多而沒有回饋」。常輕視自己，不會關心自己，自己沒有能力照顧自己，想方法讓別人來愛自己，仰賴別人的同情。

▶ 案例分享

雨傘效應 —— 為獲得而給予。在下雨的時候，他們會為自己的夥伴提供一把雨傘，然後希望自己能夠依偎在對方的懷裡。他們給予對方的東西，一定也是他們希望得到的回報。

誰陪經理去培訓

張某（2號助人型）是某企業的人力資源部經理，一家培訓公司向他推銷一門 HR 管理體系構建的課程。張某覺得可以考慮，但近期比較忙，就表示幾個月之後再參加。業務最後說了一句：「年底了，我的業績不理想，這次就算幫我一個忙好嗎？」張某心一軟就答應了。張某讓副經理

黃某（8 號領袖型）參加，黃某不想一個人去，張某就讓她帶一個新員工參加。

人力資源部目前有 A（4 號自我型）與 B（7 號活躍型）兩位員工。黃某一直把 B 當自己人，決定讓 B 跟她去參加課程，但 B 卻說這門課程她聽過了，下次如果有新課程再去，況且自己是老員工，可以安排新員工去聽。黃某本來就違背了張某的意願，想安排老員工 B，看 B 也不同意，雖不悅也只好作罷，於是去找 A。

A 很想去參加這次課程，當 A 得知這次張某不去，要跟黃某去參加課程後，一反原來的期望而找藉口推辭。因為 A 很不喜歡黃某，覺得她有強烈控制欲並偏袒自己人 B，而且覺得黃某也不喜歡自己。黃某在氣憤之餘硬拉 B 參加課程，儘管很不情願，但懾於黃某的威嚴，B 萬般無奈地跟著黃某參加培訓課程了。

案例分析：作為 2 號助人型的張某，其人格是人際導向，希望透過付出以獲得認可，關注「他人的需要」，因此在決策過程中容易受人際關係、情感的影響。雖然張某和這位業務的關係並不親密，但 2 號人格的助人傾向並不僅僅針對熟人，而且在助人的同時容易忽略自我，傾向於為他人改變自我。2 號助人型人格在決策過程中容易因情感而忽略自己的真實意願和原則，顯得過於感性。

黃某之所以沒有理會張某「盡量帶新人」的意見，選擇自己的「心腹」老員工 B，是因為 8 號關注焦點是自己的權力和影響力，反映了 8 號對自己人的保護和控制。4 號自我型的 A 一開始渴望聽課，後來又找藉口推辭聽課，這種反覆行為的背後是 4 號人格「忠於真我」的展現。B 不願參加課程也是由 7 號活躍型內在心理「追求新鮮」的特點決定。7 號人格不喜歡重複的事物，害怕痛苦，因此表現得缺乏恆心。

改變自己就改變了世界

　　牛某具有極為典型的 2 號性格。當牛某還在前公司任職時，他的頂頭上司鄭老闆是做事一是一、二是二，做事就做事，不多說話，也不多讚美別人的人。牛某在鄭總手下待了 16 年，都當二把手，而且任何一次採訪，他都堅決不談自己。其實 2 號的人非常容易產生悲情，因為他總把自己當作最低的，而去「伺候」別人，努力滿足他人的需要。

　　所有的 2 號要成功都是先付出，最後才是回報。2 號的價值觀是：大付出大成功，小付出小成功，不付出不成功。2 號靠付出才能使自己充滿力量。在此一定要強調的是，這不是道德問題，而跟性格有關。不是這樣性格的人，向這個方向修練是比較難的，而且更主要的是還會失掉自己的力量。2 號性格的人只有在其付出時，才感到自己的重要，才能獲得力量。

　　2 號的典型行為是透過改變自己來改變外在，發生任何問題，先從自己身上找原因。因為改變自己容易，改變別人難。2 號有 1 號（完美型）為側翼，他如果嚴格起來就會非常嚴格，但首先肯定是對自己嚴格，他會以身作則。當你無數次地與自己較勁後，回頭再看，大數法則的效能就顯現出來了：你透過改變自己而改變了世界！

　　2 號的企業氛圍。2 號希望自己所處的環境是被愛、被付出瀰漫的環境，這是他想要的環境，他付出了，之後就是你的回報了；不過，你的回報不是給他個人，而是給企業。2 號會用付出來實現控制。例如特意為自己的員工精心策劃了生日禮物、通過大眾宣傳媒介 —— 電視，拍攝企業自己的 MTV、在資深員工和其家屬過生日的美好時刻，向他們送去衷心的祝福並表示由衷的善意等等。

第二節
如何高效地管理 2 號員工

2 號員工的核心價值觀在於幫助他人。對於 2 號而言，滿足他人的需要，並幫助別人取得成功，是他們不斷付出的源泉。這種價值觀的形成，是因為 2 號型人格渴望被他人需要，他們希望能夠滿足他人的需要以展現自己的價值。

▶ 一、2 號型存在的問題

1. 對其他人懷有敵意

對他人懷有敵意，但否認並把攻擊性隱藏起來。他們的自我形象禁止他們公開表現出敵意，只有在相信自己的攻擊性是為了別人好而絕不是為了一己之私的時候，他們才會表現出攻擊性。他們以某種方式為他們的實際行為辯解，以便積極地看待自己。

2. 忘記自己的需要

愛的反面是控制或操縱，愛別人是希望別人愛我、需要我，轉而聽我的話。事實上助人型的人，並沒有意識到在潛意識裡有怎樣的動機；只有在付出很多，而又不被重視、不被感激時，才發覺居然有嚴重的空虛感。

3. 常愛多管閒事

常常是高興的、精力充沛的，很關心別人，愛多管閒事，常隨著每個人的狀態而喜、怒、哀、樂。常常覺得別人無能或太懶，喜歡鞭策自己多做好事。

4. 以自我犧牲滿足他人

覺得自己一定要滿足別人的需要，別人才會喜歡自己，所以助人型的人會發揮最大包容及服務的特質，像當社工人員，深入貧窮地區，當護士時能為傷患盡愛心，表現出耐心等。他們總是以自我犧牲的方式，提供愛和友情給別人。

5. 以愛的名義

助人型的人在幫助別人或服務別人時，有時會出現用愛來控制別人的行為，但他們很快就會告訴自己「我不是故意要這麼做的」。在愛的面具下，他們仍會把自己定義成絕對的善良及絕對的無私，以消除自己偶然的罪惡感。助人型的人在服務的興奮中，常忘了自己的疲勞。

▶ **二、高效管理 2 號員工（圖 4-2）**

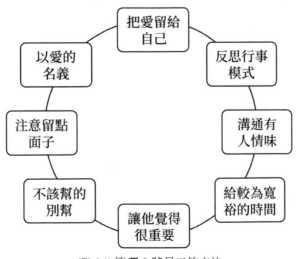

圖 4-2 管理 2 號員工的方法

第四章
2 號助人型的辨識和管理方法

1. 把愛留給自己

要提醒 2 號員工「把愛留給自己」，要明白想從付出中得到愛是不容易的，如果付出太多，累壞自己，得到的會是傷心。得到愛唯一的方式是「你先要愛自己」。告訴 2 號員工，當你想付出時→停止付出的衝動→問問自己究竟需要什麼→滿足自己的需要→首先好好愛自己。

2. 反思付出是為了得到回報的行事模式

讓 2 號員工把自己做過的幫助他人的事情，列一個清單，比如，付出了比預期的時間更長的時間去聽別人的傾訴。在每一項的後面，寫下自己所期望的回報是什麼。堅持一段時間這樣做，2 號就會意識到自己的付出是為了回報這一模式。

3. 跟 2 號員工溝通

要注意人性化，也就是要有人情味，才能讓 2 號說出他心中的期盼。2 號很願意付出，但也是有需求的，要鼓勵他說出來。有的人是「壓榨專家」，看到 2 號喜歡付出就總是壓榨他。你要記住，2 號、3 號、4 號都是愛面子的，千萬不要讓他為你付出太多。2 號分不清人和事，你要是說 2 號的事沒做好，他會認為你在攻擊他。與 2 號溝通的時候，如果你拉拉他的手，拍拍他的肩膀，跟他有一些身體接觸的話，他就會認為你們的心也近了。

4. 激發 2 號員工

要讓他覺得自己很偉大，在可能的範圍內溫暖 2 號的心。夏天的時候給 2 號買根冰棒，2 號心裡就會暖呼呼的。2 號不在意貴不貴，只要你在意他、想著他，他就很滿足了。與 2 號溝通要注重一對一的溝通。會

議結束之後，如果你讓 2 號留下來，接著把會議大綱對 2 號重複一遍，2 號就會覺得你重視他，並不需要說什麼新東西就會達到很好的效果。

5. 不該幫的不要幫

2 號的時間不屬於自己，而屬於別人，如孩子、愛人、同事等。2 號經常在上班的時候幫助同事做事，等下班了再加班做自己的工作，主要是因為他心太軟。別人有忙自己不幫的話，他會過意不去，會覺得太不人道了。2 號特別容易把別人的事往自己身上扛。同事說：「我最近身體不好。」2 號馬上說：「我知道一個很好的中醫偏方。」同事說：「我沒時間去買。」2 號說：「我幫你買。」同事說：「我也沒時間去煎藥。」2 號馬上說：「我幫你。」

6. 付出前找一個理由

過多的付出是 2 號員工人格提升的障礙，透過九型人格改善自己，並不是阻止 2 號員工的付出，這違背了 2 號員工的人格特徵。只是要求 2 號員工不要毫無保留地付出，付出前給自己找一個付出的理由，讓他清楚自己的行為動機。這對很多 2 號員工其實是一個很難的事情，他們認為幫助別人是不需要理由的。

7. 給較為寬裕的對間

2 號特別怕當眾出醜，安排 2 號工作要給他寬裕的時間，免得他完不成沒面子。2 號和 9 號都是特別怕衝突的類型。如果衝突無足輕重，你可以幫助他解決掉；如果衝突很重要，你就要對 2 號說：「衝突是磨練自己、使自己成長的一種重要方式。」

8. 跟 2 號員工達成共識

你只要給足他面子，讓他有臺階下，他就容易與你達成共識了。有時候雖然你得罪了 2 號，但如果你讓 2 號幫忙，他還是不好意思拒絕的，更何況你已經給足了他面子，並給他留了臺階。告訴 2 號：第一，不要把所有問題都自己扛；第二，不是自己的就不要勉強。

▶ 案例分享

將他人納入自己的關係網中

2 號員工對於自己有著極強的自信，他們認為自己對客戶和其他人有著很強的影響力。就像下面這個故事。故事講述的是一群人在一個龐大組織的贊助下，開啟了前往東方的冒險旅行。

在這個團隊裡，有一個核心人物里奧，說他是核心人物，並不是因為他是團隊的團長或是指揮者，實際上，里奧在團隊中表現得更像是一個傭人。旅行中所有的雜務都是他在打理，休息或是陷入困境時，他還會唱歌給大家聽。所有人都喜歡里奧，但並不認為他是很重要的人。

當里奧離開後，整個團隊開始變得混亂，這次旅行也就此告吹。故事到了結尾，大家意外地發現，這位奴僕式的人物竟是決定這次旅行的關鍵人物。很多人，不喜歡干涉他人的工作或是生活，但是 2 號不是這麼認為的，他們善於將自己納入人際網中，並鼓動他人支持甚至加入自己的事業。

讓員工接觸困難

A 是一所公司行銷部的主管，他很喜歡自己的工作，經常與客戶交流，了解他們的需要並盡量滿足他們。他的部門裡大部分是一些畢業沒

有多久的大學生，大學生很想在行銷部的職位鍛鍊自己，來獲得更多的酬勞。當公司有難纏的客戶時，A 會盡量自己解決，不讓大學生們受到挫折。即便是身體不舒服，一旦有客戶或員工需要他，A 也會馬上趕過去。

同事們和 A 相處很愉快，因為他經常幫助大家。A 的抽屜裡經常放著各種零食，他會拿出來和大家分享。當同事們心情不好的時候，A 也會主動關心，能幫忙就幫忙，盡量耐心地安慰他人。每當天氣轉冷或轉熱的時候，A 會提醒大家注意多穿衣服或注意防暑，有的同事乾脆給 A 起了個外號叫「郎中」，因為 A 的抽屜裡除了各種零食，還有各種藥品。

A 感覺他能把部門的工作氛圍調節得很好，每個人都需要他，所以很愉快。但他唯一煩惱的是，周圍的人受到傷害或是不開心時，他盡力去幫助，但對方不接受，A 就表示很不理解並非常失望。他更奇怪的是，上司居然也並不喜歡他。這位主管以為自己是位好上司，但需要注意的是，他盡量不讓員工去接觸困難，其實是限制了員工的成長，他同時付出了很多，無論是零食、藥品、提醒，還是安慰，都會消耗一部分的時間和精力。另外員工得不到鍛鍊，上司就不會喜歡你，一味地付出，上司對你的尊敬也會漸漸降低。

要提醒 2 號把愛留給自己，任何人的付出都不是無條件的。鼓勵 2 號做好自己的工作，但不要讓 2 號員工承擔太多的責任。防止 2 號越幫越忙，提醒他們：付出未必是別人需要的，該袖手旁觀時要沉得住氣，給他人成長的機會。給 2 號留點面子和時間，讓他們有足夠的時間去學習新的事物。

第三節
在最佳團隊中的角色和配對方法

適合團隊創新力的角色如圖 4-3 所示，有訊息者、創新者與協調者。與訊息者相匹配的個性有 2 號與提升了的 8 號；與創新者相匹配的個性有 4 號與提升了的 2 號；與協調者相匹配的個性有 7 號或提升了的 1 號。

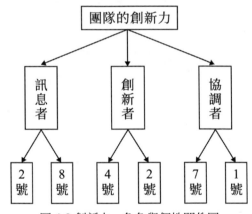

圖 4-3 創新力、角色與個性關係圖

2 號員工是人際導向型員工，他們傾向於既關注團隊，又關注客戶的共同願景，來領導他們的團隊。2 號喜歡分享，他們表現的像是啦啦隊隊長、教練，敦促、挑戰團隊成員。在公眾場合，2 號員工不願意對任何人說任何負面或是消極的話，他們害怕這會打擊個人或團隊的士氣，甚至一下子把個人和團隊的士氣都打擊了。

2 號員工在制定目標上很有能力，但很多 2 號對扮演一個高調亮相、讓大家關注的角色感到不舒服。當 2 號聽到別人表揚自己時，最典型的反應是把表揚傳遞給他的整個團隊。他會說，如果沒有整個團隊的努

力，成就是不可能實現的。這在一定程度上，會降低 2 號的貢獻，即使 2 號確實處在活動的中心位置，他們也寧願在幕後工作。

2 號員工在細節上非常投入，2 號常常幫助跑來尋求幫助的團隊成員，或者是工作超負荷的團隊成員。即便 2 號是領導者，2 號也經常削弱他們作為領導者的角色。無論是團隊內還是團隊外，都能看到 2 號像個工作者，而不是領導者。2 號很少關注大局面，常常超負荷工作，以至於他們變得脾氣暴躁，這樣就削弱了他們作為候選領導者的能力。

2 號員工喜歡正向、積極的團隊文化。2 號在建立團隊的時候，樂於花時間和團隊成員彼此了解，發展出相互信任和相互支持的關係。如果是領導者，2 號會集中精力創造中等程度到高等程度相互依賴的團隊；在這樣的團隊中，團隊成員一起工作，是一個高效率的工作組織。

▶ 一、8 號如何提升到 2 號來匹配團隊角色訊息者

8 號具有很強的保護能力，願意保護自己和朋友。積極好鬥、主動負責、喜歡挑戰。無法控制自己，會公開地發洩怒火，展示自己的力量；對於願意站出來接受自己挑戰的對手充滿敬意。與別人接觸的方式是透過性愛和面對面的衝突，有過度的生活方式，如熬夜、暴飲暴食、大聲喧譁。提升後的 8 號會表現出 2 號的優點。

1. 8 號提升到 2 號的策略

1. 留心自己責備別人的壞習慣。

2. 把每日的反省寫下來，可避免自己「否認」及「忘記」。

3. 學習接受沉悶及恐懼，不要急忙去爭取即時的滿足感。

4. 注意自己的「過量」行為是否是一個逃避去做事的手段。

5. 問身邊的朋友或同事：「我是否過分了？」

6. 當見到讓自己憤怒的事，便知道要放鬆及深呼吸幾次。

7. 開始靜坐冥想，特別當自己有衝動想起身時，便應繼續靜坐。

8. 不要破壞自己的人際關係，相信今日的因會是明日的果。

9. 問自己這個仗值不值得打？問自己願意承擔這些後果嗎？

10. 用方法找出別人的天分，然後鼓勵他們與你並肩作戰，找出別人的優點及可能性而不是缺點及不足。

2. 8 號提升到 2 號的方法

（1）練習自我意識

請仔細留意自己對別人的積極和消極的影響。請每天想想下面的問題，每次用 1 分鐘左右的時間：自己的想法是如何影響別人的？自我表達方式是怎樣影響他人的？何種情況會使自己產生牴觸或對峙？自己有沒有促使別人背棄或放棄他們自己？有沒有表現過分？說話的聲音是不是太大了？是不是太富於攻擊性了？

（2）練習採取行動

8 號精力充沛，堅強而有力。因為保護者做事常常過火，或者容易出格，哪怕他們儲存了一部分實力也是如此。應該每天下工夫去調整自己的心態，不要總是用直接的行動表達自己的期望，也不要總是用它來表達自己對真理和公正的理解。在考慮各種可能出現的結果時，你應該壓制內心的衝動以免草率行事。另外，你可以問問自己是否還有更加兩全其美的方法。為了檢驗該練習對你的作用，你可以注意一下自己是否尊重別人的界線和立場。

（3）預演練習

在早晨剛醒來時，可以透過幾分鐘的呼吸訓練來集中自己的注意力。然後對自己說：「今天我將練習站在各種角度用更開明的態度去對待別人的立場和能力。我將更加關注和接受自己天生的弱點和脆弱的情感，應該了解到否認自己的弱點和脆弱的情感是一種根深蒂固的習慣，而這種習慣對我來說並沒有好處。」當你進行此項練習時，你應該持有這樣的態度，即這些預想中的改變對你來說將會變成現實。

（4）回顧練習

晚上，請你用幾分鐘的時間去回顧今天所取得的進步。你可以坦誠地問自己：「今天我是如何站在各種角度開明地去對待別人的不同立場和不同能力的？我在接受自己天生的弱點和脆弱的情感方面做得如何？」透過這種回顧，用你今天的收穫去引導明天的行動與思維。

（5）練習反思

對 8 號而言，反思練習至少每週進行一次，每次用幾分鐘的時間，反思的內容是保護者的基本原則和最終的人生目標。在這裡，我們建議你選擇戶外的自然環境作為你的練習地點。保護者的最終目標是重新回到原來的單純狀態，從各種角度看待事物，了解到真理來自世間的普遍法則而不是某個人的觀點。只要你尊重自己和別人，只要你用恰當的精力或力量去接近各種立場，你的最終目標就會變得更加容易實現。

▶ 二、網遊中不同角色的完美組合

在網遊中，有一種角色的組合方法，是戰士、法師、道士三個角色合理編制在一起，那真是絕配。事先約定好團隊成員的職責和分工，法

師為打怪或 Boss 的主力，道士為法師加血、給 Boss 下毒的後勤，戰士是帶藥品、清理小怪和清理外侵人員的重要角色。法師可以看作「完美型」，道士可以看作「助人型」，戰士可以看作「活躍型」。

在開始的時候，組團的四、五個人從砍羊、打稻草人起步，開始了漫漫升級路，可是苦於沒有「錢糧」，從怪物身上掉下來的那點可憐金幣，誰都會去搶，為了抗衡搶錢者和平衡一起練等兄弟的心情，就要制定禦敵策略和分配方案，確保每個人都能有份。

在行銷路上，何嘗不是如此呢，尤其是面對新的產品、新的團隊、新的市場時，合理的機制、高漲的熱情、持之以恆的精神才能把大家凝聚在一起，堅持走下去。當然也難免會有耐不住寂寞的兄弟離開，但只要確保團隊的意志和精神，精神在、韌勁在，理想就不會遙遠，道路就在腳下，只要勇敢地踏出去。最後，光明也來了，在不斷升級過程中，團隊成員逐漸強大了起來，團隊成員也多了；為了團隊能夠更強大，就要搶占怪物重新整理率高的區域和打 Boss 搶裝備。爭搶地盤的 PK 戰是難免的，之後是更加艱苦的征戰歷程。在征戰中，團隊的配置和配合異常重要，戰士、法師、道士三個角色合理編制在一起，事先約定好團隊成員的職責和分工。在打 Boss 過程中，有組織規模的 PK 更是會發生在 Boss 出現地點，這對整個團隊是莫大的考驗，要麼成功，要麼失敗，基本沒有「可能」這一說，所以整個團隊的力量和成員各司其職非常重要。

很多情況下，組隊共同作戰的機會大於 PK 的機會，這也為團隊的強大奠定了基礎。在現實工作中，制定團隊管理遊戲規則勢必先行，人員定位與明確職責也是每個管理者必須深入研究的重要工作之一。如果不積極發展自身，遇到強大對手時，硬碰硬受傷的還是團隊自己。

在各種遊戲中，公會是一個每一個網遊者的歸宿。網路與現實往往

遵循著相似的道理，「鐵打的衙門流水的官」，為了公會茁壯成長，就必須穩定團隊核心成員，這就要求公會必須制定非常人性化的體制、有吸引力的激勵機制、層級制度和嚴格的管理制度，光靠精神食糧和「人管人」的方式都是很難維繫團隊健康穩定長期發展的。

第五章

3 號成就型的辨識和管理方法

第一節
3 號的人格特質

　　3 號是一個實踐者，是精力非常旺盛的工作狂。他們具有競爭性，無論他們處在何種競爭場合，總是把目標設定在成功之上。他們會是成功的商人，能夠順應身邊的人們而更換形象。3 號會全心全意地追求一個目標，而且永不厭倦，會成為傑出的團隊領袖，如圖 5-1 所示。

圖 5-1 3 號的人格特徵

▶ 一、基本特徵：追求成功

　　欲望特質：追求成就。

　　基本欲望：感覺有價值，被接受。

　　基本恐懼：有成就，一事無成。

　　童年背景：被愛與成功是連在一起分不開的，只因成功事蹟驕傲。

　　性格形成：早年身邊有非常疼愛他們，並給他們鼓勵和讚美的長輩；從小就相信自己優秀，會為得到誇獎，而非常努力地去爭取。

力量來源：在值得誇耀的掌聲中，他們活得很滿足，越滿足就越想繼續得到掌聲，故而更自我期許，整個人是充滿了活力與衝勁的人生。

理想目標：他們最關心的是自己的名譽、地位與聲望、財富，是一個有目的取向的人，事業成功是其人生第一目的。

做事動機：希望能得到大家的肯定，是個野心家，不斷地提升自己的才華，最終目的是讓大家佩服、羨慕，並成為焦點人物。

人際關係：喜歡接受挑戰，會全心全意去追求一個目標，因為他們相信「天下沒有不可能的事」。最想成為團隊的領導者，帶領其他人一起拼事業。

常用詞彙：可以，沒問題，保證，絕對，最、頂、超。

生活風格：愛述說自己成就，逃避失敗，按著長遠目標過活。

了解特質：重視名利，是實用主義者；在意自己在別人面前的表現；讓人看到最好的一面。

自我要求：如果我成功及受人敬仰，就好了。

順境表現：充滿自信、活力，有魅力；受人歡迎；積極追求自我增進；有強烈的目標感，有野心。

逆境表現：為達到目的會不擇手段；投機性強，自私自利，說謊。

處理感情：壓抑，令自己忙碌；以成就掩蓋痛苦；雖然願意跟隨團體，然而經常不守規則，喜歡走快捷方式。

不能處理逆境時出現的特徵：躁鬱型性格。

大量注意力：喜愛支配，競爭心極強，市場導向。

令人舒服的地方：有衝勁，強烈目標感。

令人不舒服的地方：為了成功會顯得不擇手段，令身邊的人嘗盡「人間冷暖」。

身體語言：動作快，轉變多，打手勢；目光直接，刻意地不表達感受；誇張，喜歡講笑話，大聲，聲線不尖不沉。

▶ 二、工作中的特徵：追求結果

座右銘：只許成功，不許失敗。

深層恐懼：被排斥、不被接納。

典型衝突：令別人覺得被利用。

深層渴望：被認同、讚賞、有價值。

基本困思：我若沒有成就，就沒有人會愛我。

管理方式：不要阻止我前進！

工作優點：正面的自我形象，追求成果，令人充滿希望。

工作缺點：變色龍，會給人虛假的感覺，事比人更重要。

適宜的工作環境：有競爭，有進取；多元化，好玩，有創意；有挑戰性，規則越少越好；有人欣賞自己的熱誠、創意及想像力。

不適宜的工作環境：平靜，只講不做。

3號警鐘：將個人價值維繫於外在成就，以事業成就標榜個人，擁有地位的象徵物（房、車、文憑等）。

時間管理：有需要時，幫3號放緩腳步以防崩潰；讓3號知道不是每個人都追得上他們的步伐；幫3號明白有時加快工作步伐或加重工作負擔未必能解決問題。

常見問題：貶低人家自抬身價，什麼都要爭第一、什麼都懂一點。

解救方法：要3號學習互相尊重，集中資源爭取重要的目標。

▶ 三、工作中的描述：講求效率

對於一些瑣事，不太肯花心思。

只要願意做的事，一定做得很好。

喜歡當主角，希望得到大家的注意力。

生命中如果沒有了目標，那活得實在沒什麼意義。

為了追求新東西，如果讓自己慢下腳步，就沒效率了。

很有眼光，會選人來幫助自己，但討厭被別人利用。

嘴裡常誇耀自己的好、自己做的每件事很棒，自我膨脹。

跟人在一起就推銷自己，替自己加大知名度。

常常拿一些大人物、名人的名字與自己連在一起，表示自己交遊廣闊，有辦法。

做事有效率，也會找快捷方式，聰明、靈活、模仿能力強，演什麼像什麼。

看不見別人的好，把別人的功勞也放在自己身上，而不覺得有什麼不對。

把自己的事情做得很好，對別人的事不太在乎，也不太管。

▶ 四、工作中的情緒：愛比較，好出風頭

水仙花情節，自戀。

戴著面具做人、做事。

對人有敵意，保持距離。

喜歡諷刺別人，挖苦別人。

喜歡保持興奮的情緒。

嫉妒心強，喜歡跟別人比較。

總是在別人面前表現樂觀、積極和進取。

生命如果沒有目標，那活著必枯燥而沒有意義。

不喜歡跟別人太過親密，怕被人發現我有弱點。

外表亮麗，積極樂觀，但一停下腳步，內心深處也有悲觀、無望的時候。

為了博人好感，常常表現出對別人很關心也很有興趣的樣子。

如果每天無所事事，會討厭自己，覺得面目可憎。

有時候真怕別人比自己行，所以拚命上進，好像疑心病也很重。

喜歡別人誇獎，最滿足的是掌聲及不斷讚美的言辭。

▶ 五、屬於情感疏離的類型

3 號與自己的情感生活最為疏離。他們已經學會把自己的情感和真正的欲望放在一旁，以求更有效地發揮功能。他們把精力完全放在好好表現上，「把分內的事做好」，靠自己的努力取得成功，不管「成功」是如何界定的。他們如此遠離自己的情感和需要，以致他們不再知道自己是誰，是九型人格中最不易觸碰自己情緒的一型。

1. 健康狀態下

追求成功，相當重視自我形象，有理想、有效率。最吸引人，敏感、自然、真誠，有活力，自我肯定、有信心，不在意別人怎麼看。認可自己的感情與認同，給自己很大的自由度，是九型人格中最肯定自己的一型。一般的人都很喜歡他，欣賞他做的事，有社交能力，知道如何跟人相處，能力很高，值得誇獎，是社團的創造者，能推動事情，有組織能力，能與人合作，是團體的領導人。

2. 一般狀態下

渴望獲得他人的正面回應，學著以他們認為好的方式去行動。但也可能變成一種習慣性的存在方式，在不合適的情形中，仍會採用這種方式。面對的巨大挑戰是成為以內心為導向的人，按自己的真實情感和真正價值發展自己。大多數 3 號不知道他們已離棄自己有多遠，當他們發現曾經不知疲倦地追尋的夢想並不屬於他們的時候，要承認那一點是十分困難的。不斷強迫性地避免失敗，認同成就，如果意識到自己失敗會受到威脅，會保衛自己。

3. 不健康狀態下

形式重於實質，與內在不相遇，沒有裡面的世界，可以從一角色換到另一角色，好像戴了面具，注意力放在面具上。很多時候不明白自己的感受，好像沒有生命，只有角色生活。他不會承認他是沒有感受，他的感受只是一般人應該有的，是假的感受，感受皆十分表面化，無法深入他的心底，很難體會到目前自己的心情。心底深處很冷、很表面化、自我中心。

▶ 案例分享

職場變色龍 —— 他們是大忙人、工作狂，他們具備了變色龍的潛質，能夠把自己裝扮成任何社會階層的典型形象，這種變色龍的本領讓他們總能保持成功者的形象，所以也會被人稱為「表演者」。

別與下屬搶機會

A 是一家小型電視公司的基層業務主管，坦誠率直，有著美麗的外表，在工作中，她是一位女強人。每天到公司，她都接到一大堆檔案，然後一個接一個地打電話。她每天的通話經常超過百次，有的是為了維

護現有的客戶，有的是為了發展新客戶，有的是為了談公司的品牌推廣業務。

公司的同事，都認為她非常能幹，她對於工作的能力，對於市場的了解，都是有目共睹的。如果哪個員工跟不上了，她會毫不猶豫地換掉他，雖然可能有點無情，但是為了公司的業績，她覺得她必須這麼做。不過，部門裡的員工，很多人都認為她過於搶鏡，她總是急著把手頭的工作做完，技術性的工作都被她拿去了。一次公司改組，公司宣傳部門對新的架構進行了報導，卻將她的首席談判代表的「首席」給漏掉了。她當時就打電話，對此次事件進行「炮轟」。

3 號急於做出某些成績來證明自己，他們在工作中通常處於強勢的地位。當有人向他們反應或提出建議時，他們會感到不滿。基層員工是排斥向 3 號提出建議的，因為 3 號過於自信。為避免太搶鏡，3 號應留出足夠的時間接受他人的意見和建議，並初步處理後向上反應。

偉大不是朝夕的事情

前幾年房地產市場很火紅，李某透過做房地產逐步累積了一定的資金，成立了一家小型公司，業務範圍從郊區一直到市中心商業圈，李某在當時的市場上，是一匹名副其實的「黑馬」。

近幾年由於房地產不景氣，李某考慮換條路，繼續發展。他參加了一個汙水處理專案的招商，但是他本人並不懂。董事勸他：進入不熟悉的行業風險太大。而且房地產處於緊縮狀態，缺少資金方面的業務。

但是，李某並不關心這些，這是一個新目標，效益不錯，至於執行過程中有什麼風險或問題，到時候自然會得到解決。李某把大量的資金撥到汙水處理專案上。後來李某發現，房地產面臨著資金鍊斷裂的危機，業務已經缺乏發展的可能性。

　　3 號人格，大多有這樣的心態，「一萬年太久，只爭朝夕」。3 號的目標和任務總是被安排得滿滿的，他們希望盡快完成表上的一個個目標。即使在度假，空閒時間也是多餘的，他們無法想像某一段時間什麼也不做。

第二節
如何高效地管理 3 號員工

3 號員工對於自己的工作能力有著超強的自信，他們認為自己會做得比別人好。在這樣的自信下，他們有著極強的表現欲，他們希望將自己最好的一面表現出來，取得更多的成就，得到來自上級和下級的讚許。

▶ 一、3 號員工存在的問題

1. 難免存有敵意

3 號員工也有敵意的問題，這種敵意可能會展現為對威脅到自我形象的人的一種惡意報復。2 號員工和 4 號員工對他人的敵意是間接的，而 3 號員工的敵意則直接得多，並且形式多樣，從傲慢地疏遠他人到陰險地嘲諷他人，從尖酸刻薄地打擊他人到蓄意傷害和背叛出賣他人。

2. 逃避自我的情緒

注重完美的外在形象，每一個場合中，可以完全認同別人，他們會恰如其份地扮演好自己該扮演的角色，而不加入自己的私人情感，大體上說是一個端莊而識大體的人。但往往因此習慣地扮演角色，而終忘了真實的自己是誰？不順利時使自己成為沒有情緒、沒有情感的機器，最後變得冷漠、無動於衷、斤斤計較。

3. 一些自戀和炫耀

傾向把自己看得很大、很重要，有一點點的自戀、自我膨脹。他們會把自己最好的一面給友人看，甚至極端時，會在朋友面前撒謊，以求保持自己在朋友心目中的形象。很多時候，他們真正的實力往往沒有那麼強，他們的表達有一點點誇張，經常給自己惹上不必要的麻煩。

4. 害怕親密關係

害怕親密關係，當關係進入很深的時候，可能會因怕真面目被看見而避開、逃掉。親密、好朋友關係對 3 號員工來說並不容易建立，他們很難放開自己與人坦誠交往。3 號員工好勝心頗強，通常認為自己不能在朋友面前認錯、認輸，會表現成很棒的樣子。

5. 一味追求成功

為了成功，為了聲望、財富，有時犧牲情感、婚姻、家庭或朋友，他們也在所不惜，有時候為了效率，他們也會拿別人當墊腳石，將自己墊高。他們的價值標準就是要事業成功，只有往上爬是他們的唯一目的。

6. 浪費在作秀上

他們的角色扮演得太好，極其逼真、投入，讓任何人都看不出是偽裝。可是他們唬得過別人，討別人喜歡，但也因此迷失了自己的本性，連自己都找不到。他們的精力完全浪費在配合別人，並花時間作秀、自我宣傳上，所以夜深人靜時，常有一份空虛感襲來。

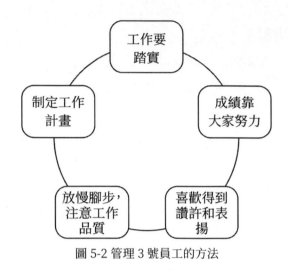

圖 5-2 管理 3 號員工的方法

▶ 二、管理 3 號員工的方法

1. 告訴他們工作要踏實

3號員工外在行為能量大，看起來內外合一，其實碰不到內心深處，內在空虛沒踏實感，忘記了自己一體兩面的東西。能量在虛與誇中消耗。告訴他們要工作踏實，有所為而有所不為。讓他們反省，聽聽自己思想深層的聲音。

2. 跟 3 號員工溝通

首先，3 號喜歡權威人士，他喜歡與有本事、有才華、有能力的人共事。其次，3 號只願意完成個人的目標。你對 3 號說：「我們公司如果完成了這個任務，就完成了一個偉大的使命……」3 號會打斷你的話，問道：「那我從中能得到什麼？」所以，你乾脆一步到位，讓 3 號清楚他完成任務後能得到什麼。再次，3 號雖然行動力強，但容易忽略品質，你應該找一些 1 號、6 號來監督他。大家一起做專案，越到最後，3 號越

怕大家搶他的成績，於是拚命做，以致把自己累得半死。你應該讓 3 號明白：好成績要靠眾人一起努力，而不是一個人就能做出來的。

3. 激發 3 號員工

3 號喜歡迅速採取行動，而且特別喜歡得到別人的讚許和表揚。3 號這個月做得很好，你把 3 號叫到辦公室裡表揚了一番，3 號出來之後肯定會自我宣傳一番：「老闆表揚我了。」3 號很喜歡鮮花、掌聲，如果你想給 3 號足夠的動力，不妨召開一個員工大會，讓 3 號站到講臺上來，給他鮮花和掌聲。

3 號遇到逆境時也需要人性化的關懷。作為上司，你應當讓 3 號明白：競爭沒問題，但不要踩著別人的肩膀往上爬；要向別人學習，但不是跟別人比，而是跟自己比，要積極競爭。

4. 放慢腳步，緩一緩

3 號是名副其實的工作狂。你要提醒 3 號放慢腳步，防止他累壞了、崩潰了。你要讓 3 號清楚：雖然他們的腳步很快，但不是所有的人都能追得上他們的步伐。快未必是解決問題的唯一辦法，有時像 9 號那樣帶點拖延可能也是解決問題的一種辦法。

5. 制定工作計畫

不能浪費 3 號的時間，3 號所有的時間都是用來追求成就的，他的目標在腦海中異常清晰。3 號走路的速度比一般人都快，9 號往往是踱著方步走在後面。雖然 7 號也走得很快，但相對而言，3 號的目標感更強、行動力更猛。一定要給 3 號訂工作計畫。

6. 不要忘了品質

3 號員工急於完成任務，一旦進入工作狀態，3 號的視野就會變得狹窄，他們往往會像前鋒一般，一心尋求突破得分，而聽不到周圍人的意見。當 3 號追逐某一目標時，他們不斷地前進，而難以回頭，除非有著極強的力量阻礙他們前進。面對壓力，他們會選擇冒險地加速，而拒絕放慢腳步。在這種情況下，往往忽視品質控制的問題。

7. 跟 3 號員工達成共識

想跟 3 號達成共識，你要讓 3 號覺得他得了名，他占了上風。至於利益，無論你怎麼分，他都不大在乎。提醒 3 號：犯了錯要學會總結與反省；不要樣樣都通，卻沒有一樣專長。實幹型的人，喜歡被誇獎，喜歡他人覺得他們很重要，盡量滿足他們這方面的要求，這在他們眼中非常重要。

▶ 案例分享

用行動證明自己的實力

李某是 3 號員工，他很想要一個位置，但這個位置被分給了剛到公司的員工張某。於是他有意無意地總是針對張某：「他是個傻瓜，最簡單的程式都搞不定。」「別搭理張某，他根本理解不了。你不覺得他既蠢又傲慢嗎？」

當張某人前人後聽到李某的這些話時，他受不了。他明白這是李某的報復。在他到公司前，這個位置的工作大部分都由李某負責。李某理所當然地認為，未來這個職位是他的。但是張某的到來，打碎了李某的美夢。於是，工作中李某想方設法地貶低張某。糟糕的是，其他員工也

認為張某搶走了原本屬於李某的位置，不知不覺都站在了李某一邊。工作一年，張某感覺像在地獄裡待了 12 個月。

李某是智慧區在心區的人，這個區域性格的人，最在意的是他人對自己的看法，他會把外界的變化都與他人對自己的看法聯繫起來，而他們自我保護的方法也是採取行動，去改變他人對自己的看法。

在這個案例中，有兩種改善方法：一是李某自己能注意到自己的行為，透過其他方法證明自己的能力；二是他的上級，能做出肯定李某價值的行為，如對李某的前期工作給予表揚，並告訴他之所以沒有任命他，並不是其以前的工作做得不好或能力不夠，而是公司需要一種新的能力（諸如此類）。在這個案例中，李某的上級沒有出現，他是處於嚴重失職的狀態，還沒有掌握團隊建設的必備技能。

不要忘了創新和品質

A 是某公司的策劃總監，公司的主管對她的工作能力一直很滿意，她總能很快地完成新產品或品牌的策劃任務。每當公司有新產品或品牌要發布時，A 都能在極短的時間裡找到一個策劃方向，然後帶領大家迅速地完成。

然而，公司準備擴張時，A 的策劃方案遇到了問題。她發現自己引以為豪的快速制定出的策劃方案，投入目標市場後，竟然沒有效果。她反思一下，雖然以前沒有做過這些市場，但是以前在日本、韓國等的推廣活動都取得了成功，這說明自己的策劃方式沒有問題。為什麼到新的市場上會失效呢，難道能力有問題？

3 號追求的是快速實現目標，他們很少進行創新。在他們看來，創新需要花費大量的時間、精力在構思和調整上，這嚴重影響了實現目標的速度，他們沒有這樣的耐心。3 號更習慣於複製成功，他們會不斷地

複製成功的模式。當然他們不是一味地複製，對於不同的目標，他們會
從不同的角度提出不同的解決方案。他們善於執行固有的管理方法，重
新包裝之後用於新的環境，因為他們注重方案執行的效率。

　　員工的需求越來越受到重視，3 號員工雖然不像 2 號員工那樣服務老
闆，但也要放下自己的自命不凡。都是企業的員工，目標的實現也必然
是所有成員協同努力的結果。身為一名管理者，必須有一定的親和力，
不能讓自己和任何人脫離基層員工，將自己放在上層，基層員工必然不
買帳。

第三節
在最佳團隊中的角色和配對方法

團隊的領導力，主要由 3 種角色來實現，而每種角色都有一一對應的個性類型。例如，團隊角色實幹者對應的型號是 3 號。9 種個性是動態變化的，也就是某個個性類型經過自我提升，同樣也可以與相應的團隊角色相匹配。9 號透過自我提升會表現出 3 號的優點，也就是說是團隊角色的實幹者可以有兩種個性類型來匹配，一個是 3 號，一個是提升了的 9 號，如圖 5-3 所示。

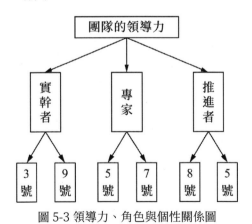

圖 5-3 領導力、角色與個性關係圖

▶ 一、3 號在最佳團隊中的角色

3 號員工努力打造由能力出眾和善於自我激勵的個人組成的團隊。他們善於接受回饋，把客戶滿意度作為首要的考慮要素。3 號員工認為那些多餘的、影響自己和團隊成功的障礙會有負面影響，於是他們盡可能制定清晰的團隊流程來消除這些混亂。

3 號員工可以輕而易舉地擔當一個團隊的領導者的角色，他們把效率和效力作為首要的操作原則。3 號員工總能自發、積極地擔任團隊管理的工作，很少出問題。他們把注意力保持在最終目標和服務上，他們的堅定會讓團隊成員信心滿滿。

3 號員工極其關注目標和結果，可能導致他們忽略工作中與人際相關的問題。例如，團隊成員可能不太了解，也可能不清楚彼此的工作內容。結果，他們可能建立不起來所需要的、有效運作的團隊關係。特別是當面臨時間壓力的時候，這種情況就不可避免。

3 號員工對目標的強烈感知和執行力，可能壓制某些團隊成員。3 號員工希望所有的團隊成員表現出更多的主動性，但沒有意識到自己的強勢會阻礙團隊發展，讓大家沒有足夠的時間去表達自己的意見。

3 號員工喜歡圍繞目標，打造清晰描述職責的團隊風格與目標直接契合的架構。他們喜歡制定具體、可量化的目標，當他們知道自己的目標是什麼，就樂於制定快速有效的可以實現的計畫。

3 號是積極能幹的人，能實實在在地推動工作前進。當他們被一個團隊認可時，他們會為了整體目標努力工作，而不是他們的私利。3 號性格是心中心的中心，6 號性格是腦中心的中心，9 號性格是身中心的中心，這 3 個類型的組合搭配在職場中比較常見，因其思考力、感受力和行動力的能量互補而形成了職場典型的黃金三角團隊。

1. 工作中的 3 號行為特點

工作高效，目標性強。

善於自我激勵，工作積極性高。

善於從事開創性、拓展性工作。

希望成果被人看到，被欣賞和表揚。

傾向於做獨立性高，自主性高的工作。

工作中容易以追求結果為導向，忽略人際關係。

2. 3 號在團隊中的角色建議

開拓者、攻堅者、公關者、專案負責者、榜樣者……

▶ 二、3 號與其他型號的搭配互動

3 號 VS 1 號：他們都是工作狂，一個注重品質，一個注重數量。

3 號 VS 3 號：是很好的開拓夥伴，但應避免互相競爭。

3 號 VS 2 號：一個以關係為本，一個以目標為本。

3 號 VS 4 號：一個以成果為導向，一個以內心感受為導向。

3 號 VS 5 號：一個具體目標感強，一個整體架構能力突出。

3 號 VS 6 號：一個為了達到成果忽略危險，一個做事謹慎，行動力緩慢。

3 號 VS 7 號：自我價值都比較高，但一個需要外在肯定，一個不介意外界眼光。

3 號 VS 8 號：都喜歡自己做主，比較強勢。但一個懂得審時度勢，一個傾向於堅忍到底。

3 號 VS 9 號：一個為了成果可以接受衝突，一個為了避免衝突寧願放棄成果。

1. 職場中的 3、6 搭檔

在九型人格中，連結實幹者 3 號型性格和懷疑論者 6 號型人格的直線，在於平衡向前推進的動力（3 號）和保持謹慎的需要（6 號）。太快向前衝的 3 號，可能忽略了一些重要問題，但對於這些問題，6 號及時

扮演了剎車的角色。當適當的「前進」與適當的「放慢速度」達到平衡時，3號和6號的組合真正能起飛。

很多3號成功的部分原因，在於他們忽略了導致失敗的資訊，不斷地付出努力向前衝；但失敗的資訊未必總是不好，6號的專長是質疑和反覆思考，加深了3號的經驗，並賦予其意義，3號的行動力和衝勁，也給了6號一個及時反應的機會。

3號與6號在很多方面很容易相互吸引。3號注重行動力，6號注重思考，二者相互結合將會是很好的合作夥伴。但是，不同型號之間由於某些特質的不同難免會存在一些摩擦，需要磨合。

對於3號和6號而言都有自己成長的方向，若是各自陷入型號中無法跳出來就會為各自的工作、生活帶來一定的障礙。作為合作者，彼此間最重要的是相互信任，3號與6號首先要接納型號帶給自己的特質，然後要接納型號帶給對方的特質，雙方間多一些理解與認同。

2. 職場中的3、9搭檔

實幹者3號人格具競爭力，他們渴望大放異彩。而調停者9號人格則不太有明顯的競爭性，他們致力於與團隊結盟。在九型人格中，連結3號人格和9號人格的直線，代表了介於直接而負責的行動（3號），和放任相信系統、過程和同事（9號）之間的平衡。當9號給予3號行動的自由，而3號容許9號擁有自己的自由時，這段關係最為融洽。

▶ 三、3號在團隊中的表現

在團隊中沒有明確的權力劃分時，3號會自願承擔起領導者的角色。他們需要有明確的證據來說明自己的價值，所以他們會自願組織大家展

開腦力激盪，自願加班。他們的積極表現對整個團隊都會產生影響。一些人會響應 3 號的號召，一些人感到有壓力，還有些人則會退出競爭。

3 號可以加入團隊，但一定要讓他們明白實現目標比他們的個人利益更重要。如果他們有了明確的奮鬥目標，他們可以是非常能幹的團隊成員。通常，他們會成為專家式的人物，而不是通才。他們喜歡在某一方面超越他人，成為專家，而且會對這一方面的新發展、新技術充滿興趣。

實幹者不注重細節。最好把他們和那些關注工作程式、產品品質控制的人分在一組，這樣就形成了互補。3 號常常會為了提高效率而修改工作方案，他們會去過分強調結果的價值取向，3 號的這些本性才可能成為團隊的優勢，因為 3 號選擇團隊看重的價值。如果整個團隊看重的是吃苦耐勞，他們就能成為最吃苦耐勞的成員。

在 3 號看來，團隊成員的情感只能透過團隊精神來表達。在充分明確了目標和結果後，3 號能夠帶動一個奄奄一息的企業。當困難出現時，他們會一頭鑽進去，工作得更加努力；當團隊取得勝利時，他們會組織慶祝勝利的晚宴。

▶ 四、9 號如何提升來匹配團隊角色實幹者（CW）

9 號自身充滿矛盾；考慮各方觀點；願意放棄自己的觀點，接受他人的想法；放棄真正的目的，去做一些沒必要的瑣事；極易沉迷於食品、電視和酒精；對於他人的需求十分敏感，往往比他人更了解對方；對於自己卻不確定，不知道自己是否應該出現在某個地方或某個團隊中；為人親切，不會直接發脾氣；提升後的 9 號會表現出 3 號的優點。

▶ 五、9 號提升到 3 號的策略

1. 養成每日寫下自己將要做些什麼的習慣，結束前重溫自己做了些什麼。

2. 與一些鼓勵你表達自己感受的人在一起。

3. 避免自己小看自己，不要以為別人比自己聰明。

4. 警惕自己不知不覺地去同意別人的想法，問一問自己的觀點是什麼？想法是什麼？

5. 注意自己的固執及反抗，倒不如清楚講出自己不同意的是什麼。

6. 停止問「接著我要做什麼？」倒不如問「我接著要完成什麼？」無論有多少干擾，最重要是自律地完成眼前的工作。

7. 縮窄焦點，這樣更能專注地去完成每一件事。

8. 不要再迎合每一個人的意見。

9. 留心自己對於改變的不自在，開始接受世事常變。

10. 定下目標，寫下行動計畫，有清楚的時間限制及找人支持自己的目標。

▶ 六、針對 9 號進行提升的練習（圖 5-4）

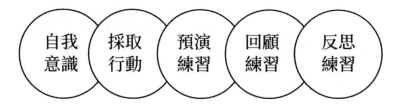

自我意識　採取行動　預演練習　回顧練習　反思練習

圖 5-4 9 號提升練習

1. 練習自我意識

請你仔細留意一下別人對你的眾多要求使你耗費了多少注意力和精力，這種消耗會導致優柔寡斷和行為失控。請每天想想下面的問題，每次用 1 分鐘左右的時間：圍繞在我周圍的所有人或事物是如何消耗我的注意力的？我有多麼優柔寡斷？在什麼情況下我會贊同別人的安排和計畫？在什麼情況下我會避重就輕？

2. 練習採取行動

下意識地將注意力和精力放在那些重要的事物上，儘管在做的過程中可能會遇到不如意或者牴觸。你應該注意到那些不如意的感受其實是一種內心的不安。請注意，當你贊同別人的安排時，當你的注意力轉向樂趣或者不太重要的事情上時，你的這種不如意的感受就會減少。為了檢驗該練習對你的作用，你可以注意一下自己是否遵循了自己的安排，這樣做是否會幫助你找回重視自己的感覺。

3. 預演練習

在早晨剛醒來時，你可以透過幾分鐘的呼吸訓練來集中自己的注意力。然後對自己說：「今天我要學會像關愛別人那樣去關愛自己。我要學會欣賞自己的優良品質。當我需要做出決定時，我會同樣看重自己的觀點和別人的觀點。為了能夠做到這一點，我會留意那些需要自己優先考慮的事，我會注意自己的個人空間。」

4. 回顧練習

晚上，請你用幾分鐘的時間去回顧今天所取得的進步。你可以坦誠地問自己：「今天我在什麼情況下表現出自重和自愛？我是怎樣關注自己

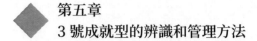
的個人空間的？我是怎樣去留意那些需要自己優先考慮的事的？接著，我又是如何去做這些事的？我是否將自己看得與別人一樣重要？」透過這種回顧，用你今天的收穫去引導明天的行動與思維。

5. 練習反思

　　對 9 號而言，反思練習至少每週進行一次，反思的內容是凝聚者的基本原則和最終的人生目標。每個人都應該平等相處，他們都應該平等地無條件地相愛。因此，凝聚者的最終任務是恢復無條件的自愛以及與別人同等重要的感覺。只要你能夠關注自己的立場和那些必須優先考慮的事，只要你能夠為自己和他人的幸福著想，你的最終目標就會變得更加容易實現。

▶ 案例分享

一個諮商公司關於人員角色與個性搭配的討論

　　有這樣一家公司，他們採用的是產品事業部的組織架構，內部運用矩陣式結構，以便於專案運作的高效實施。具體的事業部包括培訓事業部（管理課程的公開課和內訓）、諮商事業部（主要提供 HR 管理諮商）、E-HR 事業部（E-HR 的 IT 產品銷售和實施）、獵頭應徵事業部（獵頭、勞務派遣、HR 外包服務）。

　　個性與角色搭配，首先要根據公司的部門來確定，先確定每個部門的關鍵角色，然後根據關鍵角色匹配相應的個性，如圖 5-5 所示。

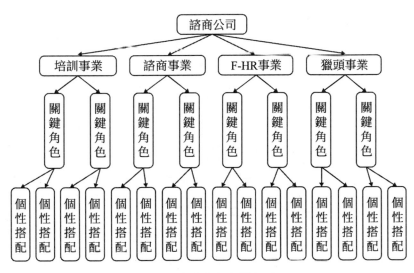

圖 5-5 個性與角色搭配圖

該公司組織架構已經基本完整，並且處於激盪期向規範期過渡的階段，公司性質屬於銷售型公司。此時，公司的理想銷售人員配置應該是 2 號、3 號、6 號、7 號、8 號為主銷售團隊，接下來按不同事業部予以分別配置。

培訓事業部的公開課和內訓的銷售人員所扮演的關鍵角色不一樣，公開課的銷售不需要太高的專業水準，只要能夠講清楚實用性、價值點，有激情、有感染力就可以促進成交，也不需要太多的售後服務。所以公開課銷售的關健角色是實幹者（CW）與推進者（SH）。實幹者對應的個性類型是 3 號，推進者對應的型號是 8 號。

3 號具備天生的商業嗅覺，善於根據不同的場合調整自己，可以做到進退自如，而且 3 號比較敏感，善於自我激勵，有行動力，堅韌不拔。在激盪期向規範期過渡的階段需要快速推出產品，非常需要 3 號的激情加盟。然而，3 號存在的地方人際關係緊張，競爭激烈。這時候，使用

有經驗的 8 號管理者就很重要了。8 號的能量比 3 號強，能夠鎮住 3 號。3 號非常佩服比自己強的人，容易服從 8 號的領導。8 號注重團隊管理，可以在一定程度上消除 3 號的負面競爭。

內訓要求銷售人員必須提供顧問式銷售，提供諮商式的內訓方案。這就意味著，他們要有專業知識和相關管理經驗，去深度挖掘客戶資訊，提供客戶需要的服務方案，甚至是制定企業的年度培訓計劃。所以內訓課銷售的關鍵角色是監督者（ME）與實幹者（CW）。監督者對應的型號是 6 號，實幹者對應的個性類型是 3 號。

內訓的銷售人員應該以 6 號為主，3 號為輔。6 號的優勢是邏輯思維能力強，善於設計綜合性方案，又願意與人打交道。6 號要克服的問題是穿著要向 3 號學習，從而顯得更加專業。6 號要克服與人打交道的恐懼，特別是接觸陌生人時，可能需要 3 號的陪伴和示範。6 號太在意長期關係和成交率，所以短期不出單，這是老闆很惱火的地方；而 3 號的存在就造成了一定的鯰魚效應，團隊的激情得以釋放；這樣，6 號在壓力狀態下一定程度上就會展現 3 號的行為特徵。

諮商事業部、E-HR 事業部的銷售人員，也應該是以 6 號為主，3 號為輔。因為諮商產品的實施週期更長，更適合 6 號。

獵頭應徵事業部的銷售人員，因為需要既搞定候選人，又搞定買單公司，人際溝通能力是放在第一位的。獵頭應徵事業部的關鍵角色是訊息者（RI）與監督者（ME）。訊息者（RI）對應的個性類型是 2 號，與監督者（ME）對應的個性類型是 6 號。

2 號親和、主動、積極，可以在短時間內與客戶建立起信任。2 號有很強的服務意識，他們會主動為客戶著想，與客戶建立信任關係，客戶流失率會非常低。2 號關注人際關係，了解客戶背後的資源，透過客戶轉

介紹的客戶相對較多。2 號的問題是沒有持續性績效，感覺來了效率很高，沒感覺時根本沒有行動力。2 號往往會站在對方角度考慮問題，議價能力差。6 號的人際溝通能力不是最強的，但是 6 號的逆商高，越挫越勇，遇到問題不會後退。6 號著眼於長遠的關係，而獵頭的成功是需要較長的時間做人脈累積的。一旦 6 號對公司產生了認可的心理，會有極強的忠誠性，在流動率極高的獵頭行業，可以發揮定海神針的作用。

第六章

4 號自我型的辨識和管理方法

第一節
4 號的人格特質

　　4 號是一個浪漫主義者,他們具有藝術氣質,一生中都在尋求生命的意義。他們覺得必須找到真實的夥伴,自己的人生才能完美。他們被高深的情緒經驗所吸引,經常表現出與眾不同的一面。無論在任何領域,他們的生命反映出對事物重要性和意義的追求。他們很容易陷入自己的情緒,卻能表現出高度的同情心,去支持處在情緒痛苦中的人,如圖 6-1 所示。

積極特徵	負面特徵
想像力強	自我封閉
自我表現	易情緒化
觸覺敏銳	過度敏感
有鑑賞力	自我破壞
立場堅定	悲觀嫉妒

圖 6-1 4 號的人格特徵

▶ 一、基本特徵：渴望自我認同

　　欲望特質：追求獨特。

　　基本欲望：在內在經驗中找到自我認同。

　　基本恐懼：有獨特的自我認同或存在意義,平淡,尋找不到真我。

童年背景：有段孤單或不愉快的童年，自己抓住痛苦的感覺不放，是悲劇的皇帝、皇后，這是自我型的特點。

性格形成：總覺得生活孤單，他們把自己放在幻想裡過日子，由內在的感情世界與妄想的世界結合，去尋求自我資訊。

力量來源：為了想用美的形式來表達自己，所以幻想、自覺、探索自己會讓他們創造出不朽的作品。

理想目標：創造出獨一無二、與眾不同的形象及作品，努力脫離平凡。

做事動機：珍惜自己的愛和情感，所以想好好地滋養它們，也想用最美、最特殊的方式來表達。

人際關係：有藝術家的脾氣，多愁善感及想像力豐富，常會沉醉於自己想像的世界裡。

常用詞彙：習慣保持靜默。

生活風格：愛講不開心的事，易憂鬱、妒忌，生活追尋感覺。

了解特質：浪漫，有幻想，喜歡透過有美感的事物去表達個人的感情；內向，情緒化，容易憂鬱及自我放縱，追求獨特的經驗。

自我要求：如果我忠於自我，我就好了。

順境表現：創造能力強，有直覺，有靈感，觸感敏銳，立場堅定，嚴肅中有點幽默。

逆境表現：自我封閉，自我破壞，容易產生無助、無望的感覺，扮演受害者，沉淪在痛苦中。

處理感情：尋求拯救者，一個了解他們，並且支持他們的夢的人。

令人舒服的地方：重視個人感受。

令人不舒服的地方：難以捉摸情緒的起伏。

身體語言：刻意地優雅，沒有大動作，慢；面部表情：靜態，幽怨；

講話方式：抑揚頓挫，小心措辭，語調柔和。

不能處理逆境時出現的特徵：自虐憂鬱型性格。

嫉妒：自我形象低，扮演受害者，玩感情遊戲，極高誘惑性（包括扮奴隸），極度不穩定。

沉醉自憐：由於從現實生活中得不到滿足，自我型的朋友都會在幻想裡建構自己的世界，製造一些喜怒無常的環境，好讓自己的情緒得以發洩出來。

▶ 二、工作中的特徵：喜好與眾不同

座右銘：世事無常。

深層恐懼：我是誰。

典型衝突：感覺被誤解或不被重視。

深層渴望：獨特、與眾不同。

基本困思：我若不是獨特的，就沒有人會愛我。

管理方式：獨特，有品味，變化多。

工作優點：對人有深層的了解，願意雪中送炭。

工作缺點：在感情上過度索求。

適宜的工作環境：容許大量創意及突出個人風格。

不適宜的工作環境：刻板枯燥的工作。

4號警鐘：利用幻想去加強感受，以內在感受作為自我認同的基礎，內在感受經常轉變，自我認同經常轉變。

常見問題：遊魂、做白日夢、當獨行俠、歇斯底里。

解救方法：清晰目標及限期，定時檢閱，永不被捲入4號的感情生活。

▶ 三、工作中的描述：冷漠高傲

喜歡探索自己、察覺自己。

每天都在反省自己，不斷地探索生命的意義在哪裡。

討厭紙上漫長的作業與科學化、理論性及煩瑣的工作。

初見陌生人時，表現得很冷漠，顯得神祕又高傲的樣子。

感情很容易受傷，無法自我肯定，常常看臉色行事。

常常覺得好累，把自己的心和別人的心隔得很遠。

很真、很坦白，也善良，不容許別人的不真、不坦白。

常說一些抽象、夢幻的比喻，讓別人聽不太懂其想表達的內容。

▶ 四、工作中的情緒：討厭煩瑣

常常表現不快樂、憂鬱的樣子，充滿痛苦又內向害羞。

雖然已經關係親密，但總害怕有一天自己會失去這份感情。

很難表達自我，很喜歡幻想，遇事時在內心時自做文章。

常常覺得有好多情緒包圍著自己，無所適從。

總是很關心別人、愛護別人，但覺得別人都不了解自己，好迷惘。

常被自然的美碰觸到內心深處，禁不住自憐、自傷起來。

喜歡與自己喜歡的人關係親密，害怕失去別人的感情。

很多複雜、煩瑣的事要做，好討厭，不小心注意力就飄得很遠。

跟我生活沒有關聯的事，我真不喜歡聽，我覺得好無聊。

看到別人擁有的優點，會很傷心自己為什麼沒有。

對自己想要的東西及情感都非常敏感，有時候過度要求。

非常情緒化，一天的喜怒哀樂多變。

不願傷害別人，但常覺得別人傷害自己，所以愛埋怨。

▶ 五、屬於主觀情感的類型

看重情感的主觀世界，不論在創造性和自我陶醉方面，抑或在自我折磨和自我憎恨方面，都展現這一點。4 號是最具自我意識的，這是他們最正面和最負面東西的基礎。4 號覺得自己與眾不同，他們總想知道為什麼自己會有這樣的感覺，因此 4 號的整個人格方向是內向的，越來越自我陶醉。

1. 健康狀態下

認同於自己的情感，所以他們開始在各種活動中尋找強烈的情感。透過持續的內心對話、參照他們的情感反映來維持自我認同。希望別人認可其自我形象，很能體會別人的感受，對他人的悲哀、痛苦很容易感受到，有同理心及責任感。對超然的事有敏銳的感覺，有美的創造能力，有能力把消極的變成美。常把自己帶到所做的事上，使自己整個身心的投入。是個夢想家和藝術家。

2. 一般狀態下

認為自己是與眾不同的，為了要與眾不同而逃避平凡，常停留在多愁善感裡，不喜歡現實，把注意力從現實中轉開。自我防衛用的是昇華，傾向於藝術、音樂，很浪漫，透過一些美的東西來表達個人的情感。用這些使自己很成功地從平凡進入不平凡，為保持其特別性，避免簡單、普通，平常的喜樂和痛苦。

3. 不健康狀態下

負面情感會滋長，已經把自己完全隔離開來。和現實生活脫節，常玩弄角色。周圍美好的東西只有他會欣賞，他想回歸大自然，察覺到自

己缺乏自然、單純，自己和自然有段距離。經常被死亡、情感、悲哀困擾。感覺自己是被放逐在異鄉的貴族，停留在過去，喜以儀式、文字戲劇性地描述內在心情，沒有找到強烈的描述語句時，認為別人就無法了解。

▶ 案例分享

戲劇性的情感生活 —— 不願意接受普通感情的平淡，習慣放大情緒，需要透過缺失、想像、戲劇性行動來重新加固個人情感。

跟著感覺走也不可靠

張某是一家保險公司某區的經理，擁有企業管理的碩士學位，高雅的打扮、得當的言辭、真實的情感為她贏得了很多客戶的信任。一次，張某到一家醫院實地調查。在那裡，張某的情緒進入了低谷。當看到無錢治療的病人時，張某感到無法面對。

回到公司後，張某立即振奮精神，她想到了一個醫療保險再投資計畫，希望透過這個計畫，讓投保者以更低的投保額，在生病時獲得必要的保障。張某認為這個計畫有很多意義，當下屬勸她考慮一下回報率時，張某說：「理所當然是要獲得盈利，但我們同樣要回饋社會、回饋我們的客戶，否則就成了『吸血蟲』。」

張某從中感受到了美好，社會也對此表示贊同，但高層主管否定了這一計畫。他們認為張某沒有充分的市場調查、收益分析，直接實施下去，公司將面臨極大的虧損風險。對於基層員工來說，如果計畫沒有什麼利潤，他們也無法從中獲得足夠的提成。

4號習慣於依靠感覺從事，然而，感覺是靠不住的。4號會因自己的感覺產生一些具有創意的想法，而這些創意的可行性是值得考量的，並

不是每個創意都能帶來收益。4 號更在於意義，而不在乎收益問題；但大多數主管和員工關注的都是實際的效益。

別當孤獨的英雄

張某在一家策劃公司的中層管理職位上工作了 4 年，一直沒有得到升遷的機會，他有著出色的創意，常常會策劃出許多令人驚嘆的方案，但他卻總是顯得很消極。有時候，他用很短的時間做了一個很好的方案，他的熱情幾乎感染了所有的員工，讓大家都願意將這個方案盡快做出來，都相信這個方案有著美好的前景。

但有時候，方案做了一半，張某又讓大家停下來，他想到了一個更美好的方案。當他向員工闡述這個新方案時，有的員工會提意見，之前的方案也很不錯，現在這個方案和客戶的要求好像不太對。張某回答：「我們的策劃方案要給客戶最好的方案，這個比以前的好得多，做出來客戶一定會滿意的。」

但有好幾次，當張某把更好的方案做出來後，客戶並不買帳，最後還是按著之前的方案做了。員工對此表示不滿，張某也覺得很失落：「我只是要更好的東西，為什麼員工不支持我呢？」

4 號員工常常會陷入一種被孤立的狀態，因為他們經常因為自己的敏感而自我封閉。4 號應冷靜地對待自己的情緒，把自己置於集體主義之中，如果不能放開自己，只能成為一個孤獨的英雄，在對自我的追求中迷失了自我。

第二節
如何高效地管理 4 號員工

如果說 1 號是為心中的標準而活，2 號是為人的需要而活，3 號是為成功而活，那麼 4 號是真正為自己而活的人。4 號真正關注自己的情感需求，他們具有豐富的感情色彩，常常有獨特的表現。他們認為自己是獨特的、唯一的，不願意被定型。

▶ 一、4 號型人存在的問題

1. 自我情感認知模糊

他們渴望對自己的狀態和情感有更清醒的認知，以便能夠發現自我。問題在於，他們總想透過反省自己的情感來理解自身。隨著他們逐漸向內去尋找自我，自我意識變得越來越敏感，以致主觀的情感主導了現實。一般狀態下的 4 號在表達自己的情感之前，對自己的情感狀態是一無所知的。

有時覺得自己充滿才華、能量十足，有源源不絕的作品出現。有時又會心情沉重，能量完全消失，覺得自己面目可憎。他們希望可以藉藝術昇華自己的感情，並讓人們分享自己的創作，又不滿意平凡一如常人；當無法達到時，他們的情緒會陷入無底深淵之中。

2. 害怕面對自己

想要了解自己，又很怕了解自己。他們怕了解自己後，不過是那麼的平凡，可能會自我憎恨、自我折磨。但是不了解自己就無法發展創造力，在面對自己時，他們是那麼膽小，所以他們容易逃離到幻想的世界去。

3. 執著於真實的陷阱

如果沒有達到真、善、美，作品是感動不了人的，自我型的人總是忠實於自己的作品及感情，所以常常忍受不了別人太社會化或太注重傳統習性。他們會坦誠無偽地告知別人，常常讓別人下不了臺，難以表達，引起誤會，常使別人覺得無趣而不想與之交往。

4. 具有最高的敏感度

有最高的敏感度，能發現每一件事物內在的生命力，他們最喜歡用藝術和創造來表現自己的想法，又由於他們很內向，害羞，所以情感的表達及溝通也用創作來表達，這樣轉個彎的表達，是為了要隱藏自己。他們認為赤裸裸地摘下情緒的面具，是很沒面子的事。

5. 不喜歡重複性的工作

他們寧願在追逐自己的目標中痛苦地死去，也不願在枯燥乏味的工作中快樂地苟活。努力挖掘表象之下的真實，追逐有創意且獨特的目標，不喜歡單調重複性的工作。為了顯示自己的獨特性，他們對待自己的創意時不容他人插手。

▶ 二、管理 4 號員工的方法（圖 6-2）

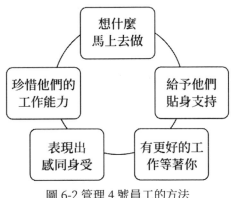

圖 6-2 管理 4 號員工的方法

1. 想做什麼馬上去做

告訴 4 號員工，別人是很難了解自己的，你亦不需所有的人來了解你。你自己整天為愛自苦，不但別人不會因此反省，反而因太不了解而跑得更遠。想要→停止→看看周圍環境→我應該做什麼→立刻做。

2. 跟 4 號員工溝通

要給他貼身支持，要在意他的感受，要了解他和關心他。不要期望他有好的表現，尤其是在時間上面。假如你安排給 4 號一個任務，你問 4 號：「你需要多少時間？」4 號可能會說：「10 天。」那麼，這 10 天的時間 4 號是怎麼安排的呢？他很可能是這樣安排的：第一天睡覺，第二天半夜起來做了一半，之後一週的時間都在外面遊蕩，到第十天，他熬夜把剩下的事情做完，然後把結果交給你。4 號不注重過程，而是把焦點放在結果上。當你把一項工作交給 4 號時，你要讓 4 號清楚工作的得失。這樣，4 號才會快速完成工作。

4 號特別容易受周圍人情緒的影響。4 號和 2 號一樣，分不清人和

151

事。你如果說他某件事做得不好，他會認為你在否定他，在攻擊他。作為上司，你一定要讓4號明白，你針對的是事，而不是他這個人。另外，你還得細心聆聽他的感受，關心他的生活，留意他的心情。感情方面的溝通才是真正的溝通，不然你做的任何事都是沒有任何效果的表面文章。

3. 激發4號員工

你要明白，4號有品味、獨特、有美感、有創意，直覺能力很強；4號有5號的翅膀，分析能力也很強。4號是人才，用好了，他就是企業的一筆財富。鼓勵4號有創意地開展工作，多發揮自己頭腦的優勢，善加利用自己的直覺能力和分析能力。欣賞4號的美感和品味，時不時地讚美他一下。

你給4號定的工作計畫，如果他沒完成，他會毫無怨言地接受你的處罰。所以，作為管理者，你要懂得珍惜4號。4號是雞群中的黑雞，馬群中的黑馬，他有他的獨到之處，不過因此也容易被別人誤解。如果你有容納4號的胸懷，他一定會感激你，也會給你很好的回報。

4. 有更好的工作在等著你

4號沒有時間觀念，他要麼不遲到，要麼一遲到就是幾個小時，甚至一整天都不見人影。可以讓4號留意別人的工作時間，同一個團隊，只是分工不同而已，這樣可以督促4號工作。4號的時間是無邊無際的，自己都管不住自己。當4號覺得工作太枯燥的話，你可以建議他用創意的方式來趕走枯燥。給4號一個「胡蘿蔔」，你也可以告訴4號前面有更好的工作專案在等著他，這樣他就會努力完成當前的工作了。

5. 跟 4 號員工達成共識

達成共識的前提條件是你要尊重 4 號，珍惜 4 號，對他的感受感同身受。他才會回報你。無論 4 號的工作表現如何，都要對他的為人表示尊重，稱讚 4 號的慷慨付出；4 號在開始新工作時步伐爽脆，而接近尾聲時會放緩腳步，留意調校。

▶ 三、孤獨的與眾不同的 4 號再解讀

4 號天生的使命就是要做到永遠與絕大多數人不同。這是他們的天賦使然，既是潛能，也是他們與絕大多數人不同的孤獨與悲情之處。

他們在越發熱鬧的人群中，常常會體會到一種抽離感，彷彿是靈魂出竅。他們會在熱鬧的人群中孤獨並安靜地看著自己，審視自己在熱鬧的人群中，有什麼獨特的價值。如果討厭隨波逐流，他們最害怕的是自我的價值迷失。

4 號一旦從事商業，永遠都在追尋一種與眾不同。在完成任務或者業務的同時，滿足客戶需求是第一要素還是滿足其內心完美的標準？做業務的人會選擇客戶第一，但 4 號首先要對得起自己，他們絕對滿意的東西才能給客戶。

許多時候，客戶已經覺得可以的東西，對 4 號而言，還不夠好。於是，有兩種後果。一是客戶覺得交給這種類型的人，十分放心，產品經得起嚴格檢驗。另一種則是，不尊重客戶的需求，擅作主張，多此一舉。他們已經付出了最大的努力，但依然沒有滿足客戶的真正內心需求，孤獨的完美主義在客戶服務那裡常常遇挫。

4 號不願意重複自己曾經熟悉的東西，不斷重複的結果當然也會給

他們帶來財富的累積，但是，由於失去了新鮮感，讓 4 號常常覺得像失去了新鮮血液般的無奈和無趣。

1. 不喜歡刻板的管理方式

　　A 喜歡編輯工作，他這樣評價自己的工作：「我覺得我的工作是有創意的，而且是超凡脫俗的。」雖然有點誇張，但是一想到所做的工作，是在挖掘每個作家肚子裡的墨水，並開發出更多有料的作家，他就覺得興奮。而且他還要為每個作家尋找專屬的讀者圈子，因為他太喜歡這份工作了。

　　當 4 號感覺自己是在充滿創意且獨特的職位上工作時，就會表現出充沛的工作熱情，他們幾乎能將自己的一切時間、精力用於挖掘這種獨特性上。但 A 對企業的晨會、夕會制度特別反感，認為這是對人性的一種侵害。例如，讓員工每天早上過來喊一遍口號：「主管，早安。」

　　4 號不喜歡大多的制度、規定、注意事項被大量地用於管理過程之中。他們認為，一定意義上的注意事項可以給予員工建議性的指揮，會讓員工感到舒服，但制度下的比較嚴格的要求，則會束縛員工的個性。

2. 出位、時尚的 CEO

　　張朝陽是 4 號企業家的代表。支持張朝陽的人會說，此人不受拘束；批評他的人會說，他經常不切實際。不受拘束和不切實際僅是一念之差。張朝陽自己的解釋是：「我是一個非主流的人。」當與他同時代的創始人紛紛深藏幕後修練「禪功」時，他違反常規，秀在櫃檯。滑板、登山以及「半裸」出鏡，登上時尚雜誌封面，至少在一般的企業家裡，無人敢如此越界。「我要享受一下年輕人的感覺，要把 20 歲再重新過一遍。」張朝陽說，「自由的街舞，是為了補回我缺失的那段青春，表達一

代人在填鴨式教育下未曾表達的自我。」

　　張朝陽的目標是做一個偉大的另類 CEO。出位、時尚，既是他的個性，也是他的公司形象。不過，在後期的管理中，張朝陽的藝術氣質完全被壓住。22 歲時，張朝陽考上了獎學金，「心裡就鬆下來了，在學校最後一年我過著東遊西蕩的生活，我的任務完成了，證明自己了，那時候我什麼都無所謂了，去不去美國……甚至，當時死了，也無所謂。」4 號是不管什麼時候，哪怕是成功、喜悅的時候，他都一定是要找缺失的。4 號的思想和行為基本上都是無邊界的。

　　4 號自我型人格經常出現在一些文藝工作者身上，如藝術家、演員、作家、製作人、評論家等。而當這種人格類型出現在公司管理者身上時，就能看出明顯的與眾不同，他們熱情、敏感，有著特殊的才能，且充滿著一種藝術氣息。

　　4 號員工最大的局限在於情緒化，他們喜歡獲得美好而真實的情感，有時僅僅因為別人的一個用詞、一個眼神，他們就會生成一些不同的情緒，作為一名感性的人，他們很容易被自己的情感所支配。如果 4 號員工能夠在工作中盡量避免情緒化的問題，他們就能成長為一名優秀的管理者。他們能夠把下屬很好地凝聚在一起，有著極佳的創造力，能夠在公司挖掘更多成功的機會。

第三節
在最佳團隊中的角色和配對方法

適合團隊的創新力的角色有訊息者、創新者與協調者。與訊息者相匹配的個性有 2 號與提升了的 8 號；與創新者相匹配的個性有 4 號與提升了的 2 號；與協調者相匹配的個性有 7 號或提升了的 1 號。

▶ 一、4 號員工在最佳團隊中的角色

4 號員工享受透過共同一致的願景以及團隊合作所帶來的激情，他們能運用團隊中的人才，開創與團隊目標相契合的風格，全部目的都是為了提供高水準的產品和服務。4 號型對團隊目標充滿激情，這對他們來說既重要又有意義，他們喜歡把大專案分成小專案。他們經常把團隊的風格和流程設計成創造力最大化和自我表達最大化的模式，但他們不傾向於過度的架構和過分的組織管理，如圖 6-3 所示。

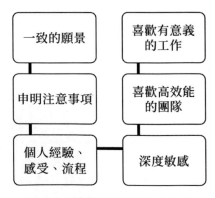

圖 6-3 4 號員工在團隊中的角色

4 號員工經常用申明注意事項和處理注意事項來表明他們的存在。4 號員工覺得用建設性的方式討論一些困難是很讓人舒服的。他們相信每個團隊成員作為個體都是同等重要的。如果有可能，4 號員工也會和所有的團隊成員建立緊密的一對一關係。

4 號員工把注意力放在討論個人經驗、感受和工作流程問題上，這也會削弱他們的領導能力。當團隊需要討論阻礙程式的議題時，必須知道什麼時候去討論這些議題、怎麼討論、討論多長時間。4 號可能會在以下兩個方面犯錯誤：一是在時間上過早地討論；二是在信任度和感知度上，在討論的層面涉入太深。

4 號員工喜歡做他們認為有意義的工作，喜歡和高效能的團隊一起做這樣的工作。如果團隊的任務看起來太普通了，或是團隊的問題看起來無法克服，4 號可能會失去興趣，或者失落氣餒。

4 號員工的深度敏感既可能是一個優勢，也可能是一個障礙。當 4 號或 4 號的團隊沒有被其他組織或個人重視或欣賞時，4 號可能變得沮喪。

4 號適合容許大量創意及突出個人風格的團隊，不適合刻板枯燥的團隊。3 號是不斷地做，4 號是要找感覺，對人有深層的了解，願意雪中送炭。4 號可能看起來半天沒動靜，但是可能在看電視、逛街的時候就會突然有靈感。4 號天生就不是很好的執行者，他們的感受天馬行空，如果硬是用一種規則來框住他們，他們就感覺沒有了靈感和創造力的源泉。

工作中的4號行為特點	4號在團隊中的角色建議
無與倫比的直覺能力	創意者
超強的創意能力	策劃者
特立獨行的靜處能力	設計者
……	……

▶ 二、4 號與其他型號的搭配互動（圖 6-4）

4 號 VS 1 號：他們一個追求完美，一個追求獨特。

4 號 VS 2 號：一個壓抑內心的感受，一個遵從內心的感受。

4 號 VS 3 號：一個以成就結果為導向，一個以內心感受為導向。

4 號 VS 4 號：共同的審美觀和情感表達，強化了性格部分，可能更好，也可能更壞。

4 號 VS 5 號：一個擁有豐富的情感，一個擁有過多的理性，都喜歡深刻和內涵，拒絕淺顯和淺表。

4 號 VS 6 號：他們都在尋找內心的一致感，都可以為一種信念和價值而工作；4 號容易把小問題的後果擴大化，而 6 號則擔心問題導致衝突傾向於認為「小問題」是正常的。

4 號 VS 7 號：一個悲觀，一個樂觀；都容易去到天馬行空的想像中，共同需要的是腳踏實地，做事善始善終。

4 號 VS 8 號：都喜歡真實與直接的表達，都是規則的破壞者；4 號喜歡人人平等的交流溝通，8 號則習慣於強勢地指令他人。

4 號 VS 9 號：4 號喜歡 9 號的不爭、不搶、不計較；9 號喜歡 4 號的人人平等的態度，以及對人的理解、尊重和耐心。

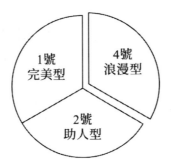

圖 6-4 4 號與 1 號、2 號的搭配

1. 職場中的 4 號、2 號搭檔

2 號給予者和 4 號悲情浪漫者都魅力十足而引人注目，也都以感情的生活為中心，兩者都願意為人情打破規則。但通常 2 號要你覺得他們不可或缺，4 號則要你接納他們的不同。2 號和 4 號又各有其特殊專長，他們通常能和諧相處。2 號可能羨慕 4 號獨特深沉的氣質，4 號經常羨慕 2 號的善於交際。

（1）4 號員工和 2 號上級

2 號訊息者既熱情又鼓舞人心，他們真心關切員工對他們的看法；而 4 號創新者可能是最難取悅的一類人。2 號會針對 4 號的抱怨和天馬行空，花大量時間來傾聽，並試圖找到解決方案。2 號上級需要記住，4 號關注的經常不在於解決問題，而是尋找一個可讓他們掛上不滿情緒的吊鉤；如果 4 號覺得幫助不夠好時，沒什麼好驚訝的。

（2）4 號上級和 2 號員工

當 4 號上級經營一個大專案時，身邊經常有 2 號員工提供協助。4 號上級對細微的要點可能顯得非常模稜兩可，而 2 號員工知道如何處理細節。4 號上級需要感覺到自我的獨特和鑑賞力受到賞識，而 2 號是最善於私下讓 4 號上級覺得自己很特別的一類人。

2. 職場中的 4 號、1 號搭檔

對於 1 號而言，規則本身就是美，因為形式來自於功能的需要，美來自於不矯飾地與目標並肩而立，將團隊組織化，編成系統，貫徹執行，保持記錄，並防止 4 號走上瘋狂之路，1 號還磨練著 4 號在危機中保持冷靜的能力。對於 4 號而言，可以為團隊提供夢想，一個追求完美，一個追求浪漫和獨特，也是不錯的搭檔。

第六章
4號自我型的辨識和管理方法

（1）4號員工和1號上級

在1號管理的團隊當中，規則、有原則的行動才是最重要的；而善變的4號，他們可以在嚴格的規則下，獨立地發揮他們的創造性。當4號「感情用事」時，1號不會有任何特別的優待。1號對4號堅持的特立獨行並不贊同，1號喜歡在界限中同等地對待每個人。作為1號上級，可能會為4號員工的戲劇性及情緒化不以為然，此時，你可以用你高效率的習性來指導4號，但別棒打他們。

（2）4號上級和1號員工

富創意和優雅的4號上級，通常都有個1號的行政或財務管理，這樣的安排將創造出非凡的表現；如果你是4號上級，你可能發現你備受1號員工的批評或感到拘束。4號必須記得，和1號在一起不會產生私人關係，而1號必須記得，4號非常私人化。當1號和4號將他們的挑剔放在工作上時，都能把自己在道德上和美學上高明的才能發揮在工作中。

3. 4號在團隊中的表現

4號認為自己與眾不同，他們認為自己是整齣戲的主角，不需要任何出色的配角。工作的劃分需要盡可能讓4號成為某方面的專家，避免相似的職位，避免與團隊其他人的比較。只要是他們認為有價值的工作，4號表現出的能幹程度絲毫不亞於3號，但是與3號不同的是，4號的情感需求必須得到滿足。

4號會把他人的質疑，當作對自己的攻擊。當4號擁有自己的專業領域，又受到上層權威的高度認可時，他們的表現是最好的。權威的認可和物質獎勵一樣重要，如果4號開始對權威表示不滿，或者不再積極工作，他們可能只是想得到一個認可。4號並不需要所有事情都按照他

們的要求去做，但是他們一定要知道自己的感受有人理解。即便是在工作中，他們也需要尋找情感上的知音。

4. 2 號如何提升到 4 號來匹配團隊角色創新者

2 號要求獲得他人的好感和認同，希望成為他人不可或缺的一部分，從中獲得被愛和被欣賞的感覺，願意滿足他人的需要，具有很強的控制能力和多樣的自我，能夠在不同的朋友面前展示不同的自我，具有很強的吸引力，引人注目。2 號提升後會表現出 4 號的優點。

5. 2 號提升 4 號的策略

1. 學會接受別人的讚美。

2. 減少支配別人的行為，不要用心機迎合對方。

3. 「收手」即讓別人自己去解決問題。

4. 別過分「體諒」別人，別人不需要你去搭救，清楚自己責任的界限。

5. 將對人的慈愛轉對自己，問自己要些什麼？用些時間於自己的感受、真正的興趣、立場及理想上。

6. 用些單獨的時間去反思自己的需要。

7. 不是每人都像你善解人意，要告訴別人自己的需要。

8. 單是付出是不夠的，也要懂得讓人付出給你，即懂得「接受」的藝術。

9. 不要以為事事都是與人有關，有時「事」歸「事」，重要是把「事」辦妥。

10. 留心自己的傲慢，開始欣賞各人的不同。

6. 2 號提升 4 號的方法練習

（1）練習自我意識

應該多加關注自己在別人的需要和感受上花了多少注意力與精力。請每天用 1 分鐘左右的時間想想下面的問題：我在別人的要求、需要和感受上投入了多少注意力與精力？為了別人的需要我投入了多少時間？當看見某人或某事需要我的幫助時，我會做些什麼？我用什麼樣的方式去達到別人對我的期望？

（2）練習採取行動

應該每天主動詢問自己的要求和需要是什麼。而且你應該有意識地將自己的要求和需要放在第一位。另外，請注意這一點，即自私感和罪惡感會妨礙你關心自己，也會妨礙你從別人那裡獲得自己所需要的東西。假如你注意到自己情緒開始緊張，你可以將這種感覺視為一種訊號，它意味著你對自己的要求和需要不夠重視。為了檢驗該練習對你的重要性，你可以注意一下自己是否真正得到了呵護。

（3）預演練習

在早晨剛醒來時，可以透過幾分鐘的呼吸訓練來集中自己的注意力。然後對自己說：今天，當我的需要和別人的需要都出現在我面前時，我要練習平等地付出和平等地接受。而且我將以開放和慷慨的胸懷去進行這項練習。具體來說，我將透過發展自力更生的能力，透過培養自己的興趣，以及透過關注自己的幸福來完成這項練習。

（4）回顧練習

晚上，請用幾分鐘的時間去回顧今天所取得的進步。你可以坦誠地問自己：今天我是如何平等地付出和平等地接受的？對自己有多麼慷慨

和坦率，有沒有達到對別人的那種程度？我有沒有花時間去滿足自己的興趣和需要？透過這種回顧，用你今天的收穫去引導明天的行動與思維。

（5）練習反思

對 2 號而言，反思練習至少每週進行一次，反思的內容是訊息者的基本原則和最終的人生目標。應該平等、自由地滿足每個人的需要。對 2 號而言，他們的最終目標就是認知到別人對自己的關愛和承認不依賴於別人對自己的需要，也不依賴於自己為別人付出了多少。只要你能夠學會關注自己的個人需要和要求，只要你能夠像關心別人那樣去接受來自他人的幫助，那麼這個最終目標會變得更加容易實現。

▶ 三、從《分歧者》（*Divergent*）看人員配置

類似九型人格的配置類型在很多影視作品中都有展現。《分歧者》是一部 2014 年尼爾·柏格（Neil Norman Burger）執導的青春科幻電影，講述的是一個叫翠絲的年輕女孩，生活在反烏托邦背景下的芝加哥，那時的社會被分成了友好、直言、博學、克己、無畏 5 個派系，每個派系都是純粹的美德。

從 5 個派別中可以明顯地看出九型人格的影子，可以對各個派系的人格類型做如下的劃分：

- ◉ 友好派 —— 九型人格的 2 號、4 號、9 號。
- ◉ 直言派 —— 九型人格的 1 號、4 號、8 號。
- ◉ 博學派 —— 九型人格的 5 號、6 號、3 號。
- ◉ 克己派 —— 九型人格的 2 號、4 號、8 號。

▣ 無畏派 ── 九型人格的 3 號、4 號、8 號、7 號。

▣ 分歧派 ── 九型人格的 4 號、6 號、7 號。

年滿 16 歲的人都必須選擇一個派系，並終生奉獻。但翠絲是個「分歧者」，即是混合型的人格，類似於九型人格的翼型，這意味著她不能被劃分到一個獨立的派系，這會為她帶來殺身之禍。電影用 5 個派系構成了理想的世界，就像九型人格一樣用 9 個類型來探索人的本性。

電影中這五派的設定不能令人滿意，博學派是裝腔作勢的腦殘反派，把九型中 3 號、4 號、5 號、6 號刻劃得相對吻合一些；克己派是莫名其妙的被害者，無畏派一天到晚犯傻冒進證明自己的無畏，更有 8 號對事物的掌控！直言派與友好派是神龍見首不見尾的跑龍套，作用欠佳。

電影中的類型測試是博學派安排的準確率很高的測試，完成測試後才能自我進行選擇，但人畢竟是有著豐富情感與智慧的結晶體，不是任何一種測試所能決定一切的。目前世界上任何的測試都不能保證其準確率能達到 100%。九型人格中的測試也可以一定程度上演繹這一環節，我們可以從測試上看出被測的人的多面性，看出被測人的狀態，但卻不能嚴格定義某人的型號，畢竟人的性格和情感要比簡單的型號要豐富得多。

公司是一個大的團隊，它的人員配置類似於團隊的組織。老闆在用人的時候，很關鍵的一個要素就是團結和平衡。做不好團結，公司和團隊就沒有活力，人們的吃飯問題、娛樂問題、精神問題等都會出現，關鍵是賺不到錢，就沒有人跟著你混，而平衡也是老闆時刻憂慮的問題之一。

東亞社會自古就是人情控制的，管理者就怕根深葉茂，駕馭不住，就像電影中一樣，某一派要顛覆另一派的政權。電影中 5 個派別的處理方法，在現代管理制度中，如董事會、企劃部門等的安排中，都可以得

到展現，但是仍然難以很好地處理一個公司的活力和制衡的難題。不過值得欣慰的是，類似九型人格似的制衡方法，運用和處理得不錯的話，都可以在一定程度上，既保證公司的穩定發展，又不會出現大的變故。

▶ 四、4號的個性突破

4號個性型的突破往往也需要外界的動力，否則，他們往往生存在很舒服的狀態中，不容易突破自我。

1. 震懾行動

張某是個典型的4號型人。張某參加了一次性格的輔導，在指導老師的幫助下，張某了解到，如果沒有積極性，就會始終被動！沒用主動性，就不會有當主管的機會！不衝上去，就永遠被管！如果缺乏一種意識，缺乏領導力，就不能在更大範圍內實現個體的突破。

2. 心靈手術

張某有較強的主觀意識。他在信念層面上給自己做了這樣的手術。

1. 從「個人一個人」心智模式轉變到「兩個，都……」模式。
2. 從「大家平等」行為模式轉變為「權力共贏」。

張某很快掌握了這個「根本」的轉變，這個轉變實質上是要自我型人格的人，放棄過於自我的主張和認同，多關心大家和團隊的需要。

3. 破殼而出

在後來的訓練過程中，張某積極主動，帶領大家達到融合和共識。他以主持人的身分，領導大家在20分鐘之內，完成了下面的流程，然後理清自我的想法。每個人有機會上臺來展示自己的想法。

每個人都展示後，將一張張大紙貼在牆上，將這些思路進行歸類、總結、融合，並組成幾個融合小組，將這些思路進一步融合，總結出來一個非常系統、融合了大家智慧的方案。

　　在這次體驗了融合方法後，他十分激動，真正明白了大家都是很有資源和能力的，大家的資源全都用上，能夠得到 1 ＋ 1 ＞ 2 的效果。

4. 化蝶飛舞

　　後來，張某在公司中有了不小的改變，他成為了一個非常有魅力的、有影響力的人物，一年之後他得到了升遷，成了一位總監，他非常感謝那些突破的機會。

　　在一個團隊中，想要獲得人格的提升，並不是一件簡單和容易的事情，需要找到適合自己的較為有用的方法，這就是一個探索的過程。不同的是，有的人探索的時間較短，有的人則很長，堅固的自我認知的錯誤，如果得不到糾正，則很難實現實質性的提升，反思和自省往往也起不到效果。

第七章

5 號思想型的辨識和管理方法

第一節
5 號的人格特質

　　5 號是一個觀察者,他們認為觀察更勝於參與,需要高度隱私,如果得不到屬於自己的時間,會感到才思枯竭。他們具有對知識和資訊的熱愛,通常是某一個專門領域的研究者。5 號把生活規劃成許多區塊,他們不喜歡預定的例行公事,卻希望事先知道在工作與休閒時他們被期望的是什麼。由於對思考和知識的熱愛,他們可以成為傑出的決策者和具有創意的知識分子,如圖 7-1 所示。

圖 7-1 5 號的人格特徵

▶ 一、基本特徵:追求思想和知識

　　欲望特質:追求知識。

　　基本欲望:能幹,知識豐富。

　　基本恐懼:無助,無能,無知。

童年背景：早年缺少母親或長輩的陪伴，感到孤單，對人的陪伴有一種渴望。

性格形成：早年希望得到可以值得信任的關愛及安全感，但得不到，為了求生存，他們研究如何跟環境妥協。

力量來源：他們會因覺得不安全而不敢行動，所以為收集數據、分析數據，他們投入了大量的精力。

理想目標：找出宇宙一切的脈絡，分析出非常有價值的觀念，讓每個人都能納入最完美的軌道。

做事動機：終其一生，就是想獲得更多的知識，對每件事都能瞭如指掌，面對問題時知道如何去反應。

人際關係：理智型，是個很冷靜的人，總想跟身邊的人和事保持一段距離。很多時候，都會先做旁觀者，然後才可投入參與。有很大機會成為專家。

常用詞彙：我想，我認為，我的分析是，我的意見是，我的立場是。

生活風格：愛觀察、批評，把自己抽離，每天有看不完的書。

了解特質：熱衷於尋求知識，喜歡分析事物及探討抽象的觀念，從而建立理論架構。

自我要求：當我成為某一方面的專家時，就好了。

順境表現：理想主義者，對這世界深刻的見解，專注於工作，勇於革新及產生有價值的新觀念。

逆境表現：憤世嫉俗，對人採取敵對及排斥的態度，自我孤立，誇大妄想，只想不做。

不能處理逆境時出現的特徵：與現實脫節型。

處理感情：用抽離方式處理，彷彿是旁觀者，100％用腦做人，不喜

歡群體行動，對規則不耐煩。

令人舒服的地方：不感情用事，樣樣有數據支持。

令人不舒服的地方：太過冷冰冰，城府深，高深莫測。

身體語言：雙手交叉胸前，上身後傾，蹺腳；冷漠，皺起眉頭；語調平板，刻意表現深度，沒有感情。

好辯抽離：思想型的人常常觀察身邊的事，卻很少參與，所以感情的投入也很少。

吝嗇：抗拒感情牽絆，病態式的自我孤立，冷血、無感覺，延遲採取行為，長時間獨處。

▶ 二、工作中的特徵：學者風範

座右銘：知識就是力量。

深層恐懼：無知，無能，無力。

典型衝突：難以接近，令人有挫敗感。

深層渴望：知道，理解。

基本困思：我若沒有知識，就沒有人會愛我。

管理方式：遠距離掌控。

工作優點：學者風範，有深度，處變不驚。

工作缺點：自覺高人一等，與人保持距離。

適宜的工作環境：有足夠的時間去思考及分析，不必做出實時響應。

不適宜的工作環境：公開競爭及對抗。

5 號警鐘：感覺被人或事掩蓋時，習慣避入思維世界；從客觀與安全的立場評估環境；與實際情況脫節；累積的評論成為 5 號的現實。

時間管理：容許 5 號有私人時間；5 號善於做事後分析，不要催促

他們做出決定；5 號容易將思考與行動混淆，幫助他們集中結果，做定時檢討。

常見問題：獨行俠，神祕人。

解救方法：容許他做獨行俠，幫他看到他對小組的獨特貢獻，及小組對他的支持。

▶ 三、工作中的描述：社交較為被動

在沒有絕對弄清楚一件事之前，不輕易行動。

細心觀察每件事，並用智慧和學識去分門別類。

思慮周詳，善於提供計謀，社交活動大部分是被動的。

常因思考過多而綁手綁腳，並錯失很多唾手可得的機會。

不是很了解別人的行為動機，為了保護自己，總是保持距離。

喜歡看書及收集數據，以確定做事與為人處世的準則。

知識比人容易了解及掌握，跟人有隔離的感覺，也怕與人接觸。

對知識有強烈的渴求，所以大量地收集各方面的數據。

做任何決定前，一定先深思熟慮、多方觀察、數據收集齊全。

在付諸實行前，總是一頭栽進去，但往往最後是放棄機會不去執行。

實在不了解人事，既簡單又脈絡分明的事，總會弄得如此亂七八糟。

社交生活的主動性非常差，在社交生活中總是由別人主動。

對於別人的事不熱情，也不會主動幫忙，但在別人的要求下，會幫別人仔細分析。

▶ 四、工作中的情緒：較為沉默，喜歡獨處

思考很多問題，不喜歡與人討論。

沉默、寡言，好像不會關心別人似的。

不太相信神，他們大部分是無神論者。

喜歡獨自一個人工作，獨來獨往，朋友很少。

很喜歡研究宇宙的道理、哲理，常覺得生命很荒謬。

常跟別人意見不合，並且執著地認為自己的看法一定是對的。

為了讀書及收集數據，會忙碌到無法打理自己，甚至覺得打理自己都太浪費時間。

彬彬有禮，也很有包容力，只是跟別人的情感互動不深入。

在跟人相處時，常有挫敗感，或許覺得別人無法了解自己。

總覺得生命實在很荒謬，但又忍不住地探索生命的意義及荒謬之處。

不太在乎外表的裝扮，物質生活也貧乏，但卻有極高層次的心靈境界。

他們的問題來自於強調思考重於行動，過於聚精會神在思考上。5 號員工人極其注重思考，以至全神貫注於精神世界，實際上可能是為了排斥其他事情。他們更擅長於生活在心智領域，而較拙於生活在行動的世界中。5 號、6 號和 7 號，都專注於自身以外的世界。

1. 健康狀態下

他們能夠如其本然地觀察現實，能夠一眼穿透複雜的現象。他們一直置身於世界中，一直在磨練自己的感知力。有見解、有洞察能力、廣泛地了解現象並深入剖析它，是有創造性的思考者，對新事物有吸收的

能力。樂於與他人分享知識和見解。博學多聞，擁有許多的知識，並能運用所擁有的知識於執行企劃中。溫和不威脅人，不會使人感到不舒服，用一種幽默的心情看待他人，並建立熱情的關係。

2. 一般狀態下

無法確定自己對環境的知覺是不是正確，他們不知道哪些是真實的，哪些是心靈的產物。對於感官知覺的準確性，他們無法完全相信，唯一可以確定的東西就是自己的思想。他們把注意力的焦點投向外在環境，同時也認同自己對外在環境的看法。他們的許多問題都源自必須先去求證自己對世界的知覺與事實是否相符，然後才能有所行動，才能自信地探究。

3. 不健康狀態下

思想世界變得虛妄和掩飾，與世界隔離。避免別人侵犯他的領域，很靜，很冷，遠離人，常說「讓我與我的思想在一起」，對認同、感受有困難。保護自己，在社交中很容易感到沒面子，常害怕，採取退縮的態度，做每件事皆把自己藏在後面。對世界不感興趣，拒絕任何人親近自己，把知識存在裡面，永遠不滿足。無法向別人開口談自己的需要，隱藏自己的需要。

▶ 案例分享

劃分隔離區 —— 他們的內心如同一座壁壘森嚴的城堡，只有頂部開了幾扇很小的窗戶。城堡的主人很少離開，總是躲在壁壘森嚴的高牆後面，偷偷審視那些前來敲門的人。他們習慣從自身感覺中抽離出來，把生活劃分成不同的區城。他們可以成為隱士。

第七章
5號思想型的辨識和管理方法

安迪 ── 「5號性格」淋漓盡致的描述

《刺激1995》（*The Shawshank Redemption*）講述一名銀行家被誤判謀殺出軌妻子和她的情人，在監獄中經歷了長達近22年的不平凡的經歷，最後成功獲取自由的故事。影片中，安迪是典型的5號性格，他的觀點是「只有我懂足夠多的知識，我才感覺舒服」。

安迪原來的工作是銀行的副總裁，但是他對地質的研究也非常深入。這就是5號人，喜歡知識，而且是廣泛的，不需要目的。所以5號人的第一大特徵，非常喜歡看書。一個還沒有提升的5號喜歡學習，但是他的學習是沒有方向的，學會了也沒有想過怎樣用。當5號可以做到主動，就叫提升了，就是說他進步了，他的表現更像一個8號人，一個老闆，有能力，善控制。安迪協助獄警節稅，憑藉精於計算，對金融制度瞭如指掌，甚至幫典獄長當會計洗黑錢。當監獄圖書館管理員之後，他堅持不懈地寫信，令政府資助監獄擴充圖書館。

安迪逃獄足足用了20年的時間，一點一點地挖出一條地道。安迪精通地質學，在平時的勞動中已經對監獄牆壁及附近的土質研究得一清二楚，如何挖、挖多久已在他的全盤計畫裡。近20年的完美的逃獄策劃，深謀遠慮，計劃周詳，加上他豐富的知識，超人的韌性，平和的心態，真是常人所不能及，也是其他不同型的人所不能理解的。當然，機會是給有準備的人，對於5號的安迪來說，這是很正常的事，不足為奇。每種類型的人要看懂自己是有難度的，因為某些天生就有的特質好像習慣一樣，自己很難解釋。

安迪在逃獄前對瑞德說過一段話：「太太常說我像本合著的書，我很愛她，只是我不知如何表達。」5號就是這樣非常理性的性格，過分理性，感情就不懂表達了，可能是感情不能用數據分析，也沒有標準可以量度。如果你是5號，請勇敢表達你的感情吧！

探究、木訥型 —— 比爾·蓋茲（Bill Gates）

　　這是個世界超級巨人，他出生於西元 1955 年，在進入大學之後退學並開始創業。家庭中管教孩子的責任多在母親身上，她不僅重學習，還重視孩子們的社交能力。但蓋茲本人卻少言寡語，不擅交際。

　　蓋茲是幸運的，他從小生活在良好的家庭氛圍裡。他愛好閱讀，父母會為他買下他所有要看的書。父母嚴格卻也溫情的關愛給了他人格上的獨立， 11 歲開始似乎心智極速地成熟起來，叛逆期的他常和管教他的母親吵架，而父親總是充當和事佬，也更理性地對待這在每個孩子身上都會發生的變化， 12 歲的小蓋茲接受了心理諮商，父母也聽從了諮商師的建議給這個少年他所要的獨立和自由，將他送往一所私人學校，在那裡小蓋茲有機會接觸將會改變他一生和也將改變世界的物品 —— 電腦，於是 13 歲小蓋茲就在寄宿的學校裡開始程式設計，一直持續了 15 年。他是在被父母尊重和理解之下走上獨立之路的。

　　比爾·蓋茲從渴望證明自己價值的那個年齡段成長成熟下來，他似乎不需要特別而刻意地證明自己什麼，他只是在做他想做的事，他更多的精力都在企業的經營管理和市場推廣上，而沒有多少浪費和消耗在人際、管理的挫折上。

第二節
如何高效地管理 5 號員工

5 號員工是典型的理性動物，他們冷靜、公正，拒絕受到感情、人際關係的干擾。當遇到困難或者問題時，他們能夠透過客觀的分析進行處理。5 號員工習慣於收集大量的資訊和數據，認為只有這樣才能站在理性、客觀的角度做出正確的決策判斷，可是沒有人可以了解所有的資訊，尤其在瞬息萬變的市場環境中。

▶ 一、5 號員工存在的問題

1. 常與他人隔離

不善於跟別人交往，也不善於分享感情，固執於追求知識而疏遠他人。他們認為自己的內心具備了自我救助的力量，淡化了他們與別人交往的意願。看不起別人、討厭與別人分享自己的時間。所以必須教導他們：每個人都有其價值，只有跟別人接觸才能進步。

2. 內心多感，表面冷漠

很怕情感的介入打擾自己的情緒及思想世界，心底深處是一個多感又熱情的人，但他們盡量控制自己，使自己情緒冷漠。看起來沒有感情又無動於衷，真正的原因是他們害怕，他們只有將感覺隔離起來，才能感到內在的安穩。

3. 孤獨和空虛

他們總和冷冰冰的數據在一起，像電腦一般，可惜他們仍是人類。因為不會與人交往，不了解別人的情感，別人也不知如何與他們相處，惡性循環下，他們會更孤獨、更空虛，而為了逃避孤獨和空虛，他們繼續用數據、學問來填塞它。

4. 過分追求知識

逃避人際關係，最好的方法就是扎進求知的世界裡，在專注思考及與自己玩智力遊戲的當下，感受非常安全的思想世界。他們覺得沒有知識的人，是無能的人，窮其一生，為了能安全存活於世上，不停地追求知識，然後以知識去印證一切，也以知識指導自己的行動，他們希望一切行動都以知識作為基礎。

5. 不付出行動

投入思考，拙於行動，工程浩大的收集分析，到頭來一切束之高閣，不付出實行，變成只會自己做文章自己看，對人類的文明沒有貢獻，所有的智慧結晶，只跟著自己帶入棺材裡，變成完全的浪費。

6. 欠缺團隊意識

守住知識，思考重於行動，是偉大的觀望者，數據收集者，像吸塵器一樣，有多少數據就收多少。在廣大的世界面前卻無法融入，十分畏縮，到老了只有孤單，和人有很大的距離，在團體活動中習慣坐在門口，方便於逃離。

▶ 二、管理 5 號員工的方法（圖 7-2）

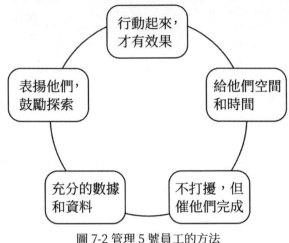

圖 7-2 管理 5 號員工的方法

1. 行動起來，才有成果

5 號員工屬於思想重於行動的人，很多時候，他們已經想得很好了，卻還是不敢行動。告訴他們：「你的思想細密，不要再考慮更多了，請馬上行動起來！」減少分析→付諸實踐→有行動就有結果。告訴他們，行動就有結果，想得越多，越可能失去機會。

2. 跟 5 號員工溝通

2 號喜歡身體接觸，5 號討厭身體接觸。跟 5 號溝通，你不僅要給他空間，還要給他時間，交給他的工作不是需要馬上就完成的。跟 5 號溝通，你一定得主動。比如，今天上午你碰見 5 號，對他說：「明天中午我們一起吃飯吧。」5 號說：「好。」但是如果你沒有再次打招呼，5 號是不會去的，結果你怎麼等就是不見他來。如果你晚上向他再確認一次，到第二天上午再提醒他一次，這樣的話 5 號肯定會來。

不要試圖去猜測 5 號在想什麼，你根本猜不到，5 號的思想太高深了。5 號不太善於處理人際關係，上司想要保護 5 號的話，就要幫助他處理好人際關係。5 號身上也有許多優點：有學識，有分析能力，而且對事情的觀察非常客觀和周密。

3. 如何激發 5 號員工

在年底開年終檢討會議的時候，你讓 5 號上臺發言是特別明智的選擇。別看 5 號平時跟同事完全沒有接觸，但他有非凡的判斷力，能將同事的優點和缺點有理有據地總結出來，且非常客觀。

5 號在公司屬於專家，他收集的許多專業知識讓其他員工很快成為內行。上司應該多給 5 號空間，讓他自己去探索專業知識，但也要提醒他與大家溝通：「你的態度使你看上去缺乏人情味，這會影響你與同事的關係。平時你應該多多留意，多一些笑容，跟大家多接觸。」

4. 催他們完成，但別打擾他們

5 號喜歡獨自思考問題，他的時間全都是私人時間。下班的時候是私人時間，上班的時候也是私人時間。他不喜歡被打擾，作為上司，你只要和 5 號定好工作完成的期限，然後按時檢查就行了，千萬不要催促他立刻做決定或馬上完成任務。

如果 5 號做得不好，你可以事後讓 5 號做一個總結，最重要的是讓 5 號明白：想過不等於做過，只有透過行動和努力方能有結果。

5. 跟 5 號達成共識

你要準備充分的資訊和數據。就算這樣，你也別指望他能立刻與你達成共識。你要給他足夠的時間去思考，最後能不能達成共識，還要看

他有沒有想通。身為主管，5 號在表面上順從你是很簡單的事，所以告訴他們去做，做的過程中就明白了。雖然，往往他們愛問為什麼這麼做，但是不管怎樣，他們都會照著要求去完成的。

▶ 案例分享

因交流不足，常顯得被動

　　柯某是某公司的財務部員工，他是 5 號，他的上司是 4 號。每當上司想到什麼創意時，就會著手讓大家行動起來。柯某每次看到計畫後，都會仔細地分析計畫的可行性和盈利能力，將分析得出的數據交給上司。

　　一次，上司想要一個新方案，柯某看過之後，發現這項計畫的盈利能力不足，雖然能為公司帶來一些形象上的提升，但這項計畫要占用公司大部分的資源長達一年時間，這實在是一項虧本的生意。當上司看到柯某的分析後，隨手放到了一邊，他不問，柯城也不說。

　　最後，執行的效果很不如意。期間，上司進行了幾次調整，使得本來可能盈利的地方也變成了虧損。上司回過頭來的時候，就看柯某怎麼也不順眼：「你明明知道計畫執行的後果，為什麼不勸勸我，或者給我詳細的評估報告？」

　　5 號就是這樣，他們不願意去表現自己的能力，他們單純地做著資訊回饋的工作，而不會將自己思考的結果報告上去。因為他們不希望被關注，他們希望鎖在自己的空間裡進行思考，而不是與人交流，這使得5 號型在主管面前，顯得十分被動。

勿與員工保持距離

　　A 是一名知名導演，他曾經拍過近百部的影片，也啟用過影帝級的演員。但許多同事和業內人士都表示，知道這個人，但不認識。A 每次拍片之前，都會將要拍的鏡頭設計好，將詳細的劇本交給演員後，A 就很少與他們接觸了。一位與他合作過的影帝曾經調侃道：「我再也沒有遇到比 A 更棒的導演了，如果有一天能見到他就好了。」很多導演都善於花錢，他們總是需要參加各種應酬去拉贊助。A 享有良好的聲響，每次拍片都嚴格控制開銷，很少出現超出預算的情況。在 A 看來，他這樣做，只是為了避免被人打擾罷了。在拍片的時候，A 是絕對的主導者，不管是演員還是其他人，都只有聽令行事的份。事實上，即使他們想要與他溝通，也沒有溝通的機會。

　　5 號很難信任他人，他們害怕進入到自己的感情世界。會盡量選擇遠離人群的工作方式，他們更喜歡一個人思考，而不是一群人合作，5 號渴望的成功方式是自我實現。5 號擁有超常的觀察力、分析力，但如果無法將之透過人來實現，一切思考的結果都只是「鏡中花，水中月」，沒有實際意義。

　　5 號往往是典型的人才，他們有著驚人的知識儲備的能力，但是他們卻顯得不得志，原因是他們不會推銷自已，彷彿是與世隔絕了，也不會主動地表現自己。他們喜歡獨處，難以發現和運用自己的才能，其實是對理性的一種執著。他們不希望自己的觀點對別人造成影響，也不希望別人的觀點影響到自己。有時候，他們說做不到，其實並不是真的沒有能力，而是不願意，或者根本是沒有信心，他們認為自己準備不足。

第三節
在最佳團隊中的角色和配對方法

9 種個性是動態變化的，也就是某種個性類型經過自我提升，同樣也可以與相應的團隊角色相匹配。7 號透過自我提升會表現出 5 號的優點，也就是說是團隊角色的專家型可以有兩種個性類型來匹配：一個是 5 號，一個是提升了的 7 號。

▶ 一、5 號在最佳團隊中的角色（圖 7-3）

5 號特別享受與機制靈活、知識廣博的團隊成員討論重要事項，他們盡可能建立條理清晰、前後一致、系統規律的工作流程，確保團隊成員有效率地運用他們的時間。5 號滿足於了解任務和專案是如何運作的，他們沉浸於辨識與解決問題中的較難部分。5 號提供一個系統化的願景，對混亂問題採取理性觀察，找出最正確的理念或發展方向，如圖 7-3 所示。

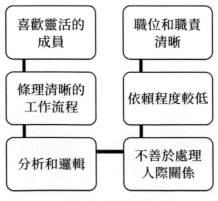

圖 7-3 5 號在最佳團隊中的角色

5 號善於把他們的分析和邏輯運用到團隊上，幫助確立明確的團隊目標，界定具體的職位和清晰的職責。5 號把信任理解為，在合適的時間內，交付一流的工作成果。當 5 號與有能力、有效率的團隊成員一起工作時，特別是和那些不浪費時間的人一起工作時，會把自己的注意力放到自己的手頭上，最後達成自己期望的成果。5 號員工喜歡工作在團隊成員相互依賴程度較低，個人自制力水準較高的團隊，他們經常基於自己的特徵發展自己的風格。當團隊的專案很少需要相互依賴時，這種風格是很合適的，但有些團隊專案需要成員之間相互依賴、相互配合的工作，這樣才能取得專案的成功。比如足球運動。

5 號認為，團隊成員本來就是來工作的，而不應捲入彼此的生活中，這一理念有其長處，這種感受一定程度上有利於工作，一定程度上減損了工作上的努力。5 號不善於處理人際上的問題，往往侵蝕了團隊的效力。5 號常常認為很多的情感反應就像排泄物，他們寧願遠離這些，自己獨處。

5 號不是一個合群的人，但是也不是麻煩人物，他們多數時候會選擇順從。對於他們而言，與其將時間消耗在別人身上，不如用這個時間多學些東西、多看書。5 號表面上很隨和，其實不懂得原諒，他們拒絕別人的感性需求，當別人做出情緒化的事情時，他們就會否定這個人。

▶ 二、工作中的 5 號行為特點

愛思考，行動力較慢。

重視個人隱私，也不喜歡參與社交活動。

珍惜個人的時間和空間，不喜歡被打擾和占用。

不喜歡被情緒影響，不願意與人產生過多的情感交流。

看待事物理性、深入，習慣以框架性、宏觀地看待問題，中立而全面。

▶ 三、5 號在團隊中的角色建議

思考者、分析者、規劃者、研究者、資訊整合者、決策制定者……

▶ 四、5 號與其他型號的搭配互動

5 號 VS 1 號：他們一個注重細節，一個熱衷研究。

5 號 VS 2 號：一個進入人群，關係融洽；一個遠離人群，希望能有自己的空間。

5 號 VS 3 號：一個具體目標感強，一個整體架構能力突出。

5 號 VS 4 號：一個擁有豐富的情感，一個擁有過多的理性；都喜歡深刻和內涵，拒絕淺顯和表面。

5 號 VS 5 號：考慮全面，但做事緩慢且做出的計畫可行性不高。

5 號 VS 6 號：看待問題都深入透澈，但一個更為全面，一個傾向於發現危機和漏洞。

5 號 VS 7 號：一個考慮問題縱深，一個考慮問題廣泛易跳躍。

5 號 VS 8 號：一個努力保護個人的時間和空間，一個容易入侵對方的時間和空間。

5 號 VS 9 號：都比較平和，但一個遠離人群，一個喜歡和諧的人際氛圍。

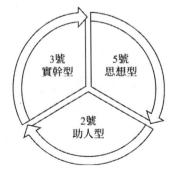

圖 7-4 5 號與其他型號的搭配互動

1. 團隊中的 5、3 搭檔

他們是外向與內向結合的典型。完美的工作來自相互適應，大部分 3 號都會說自己是外向的，而大部分的 5 號性格者則屬於典型的內向性格。觀察者把對隱私的保護看作最重要的事情，實幹者則把走進對方的隱私看作對自己的挑戰。天性的差異促使 3 號更加積極地靠近在情感上被動的 5 號，成為雙方關係的控制者。

在工作中，這兩種性格都是常見的組合形式。在最初階段，都是 3 號主動向遙遠的 5 號靠近。3 號常常把自己放在主動者的位置上，但在面對 5 號時，他們需要保持耐心，最好不要急於求成，要尊重 5 號為自己劃定的界限。3 號需要社會接觸，而 5 號喜歡私密和可預測性，這些不同的需求必須保持平衡。

2. 團隊中的 5、2 搭檔

這完全是一種互補性的搭配。5 號是九型人格中最封閉的類型，他們總是生活在自己的空間裡；2 號則是最開放的類型，他們願意與他人接觸。2 號被 5 號的鎮定和安靜所吸引，5 號能夠遠離自己的情感，這正是 2 號難以做到的。

對於需要與他人建立聯繫的 2 號來說，5 號最難能可貴的品質就是他們能夠脫離感覺，從而不受他人思想的干擾。5 號願意做自己的工作，不會受他人要求的影響。對於 5 號來說，2 號的迷人之處在於他們常常對他人給予熱心關懷。2 號對工作的積極態度和他們願意加入各種活動的熱情讓與世隔絕的 5 號很羨慕。

2 號和 5 號看上么可以是截然不同的。2 號是那種願意出去，嘗試新事物，結識新朋友的人。他們喜歡閒聊，而且認為情感交流也能產生有

用的資訊。5 號遠離人群,喜歡自己思考和分析。

　　2 號和 5 號性格上的差異能夠讓他們在工作中結為有效的組合。2 號關注他人和他人的需求;5 號能夠獨立工作,研究抽象的問題。雙方不用過多交流,就能各自找到適合自己的位置。他們的天賦完全不同,所以不論是哪一種人做領導,效果都會很好。

▶ 五、5 號在團隊中的表現

　　5 號是團隊中知識最豐富、邏輯最通順、最講究規則和道理的。上天賜給我們 5 號的目的,就是讓他提供知識和邏輯。5 號對團隊的特殊貢獻是他的知識和邏輯。如果一個團隊能充分發揮 5 號的作用,團隊所需要的所有資訊就會極其充分,而且工作流程也會極其通暢和合理。

　　開會對 5 號是一種包袱,除非會議的內容是具體明確的。5 號並不喜歡開放式的討論,5 號的思想不適合參加快節奏的頭腦風暴,內容變來變去的討論讓他們的注意力難以跟上。5 號準備不充分,討論的內容亂七八糟,5 號感到厭倦的話,乾脆會選擇不再關注。最好的辦法是提前公布會議安排,讓每個參與者有時間去準備。

　　5 號喜歡負責小範圍的、有清楚界限的工作。他們喜歡具體的問題,最好是他們感興趣的,他們不願涉及邊界模糊不清、沒有經過仔細思考的領域。要想完全了解 5 號的想法幾乎是不可能的。

　　在遇到既有難度又有意義的專案時,5 號的表現最為出色。5 號一旦遇到自己感興趣的問題,就會全身心投入其中,把自己與外界脫離開。他們只在必需的時候才會聯繫同伴,他們打電話可能僅僅是為了獲得他們想要的數據。保護自己的隱私、不願意與外界溝通的 5 號看上去更像是一個索取者,而不是給予者。

幫助 5 號成員的辦法就是讓他們在團隊成員面前說出自己的真實想法。如果他們在開始的時候感到拘謹，可以讓他們在會議結束的時候進行總結發言。5 號不會以為自己脫離了集體，或者感到與他人缺乏聯繫。

▶ 六、7 號如何提升來匹配團隊角色

7 號是像孩子一樣天真的成年人，他們是戀青春狂，渴望永遠年輕，對任何事情都是一知半解；不斷更換戀人，感情膚淺、愛好冒險、喜歡美食與美酒；從來不願意做出承諾，總是希望擁有多種選擇，總是希望處在情緒的高潮中；樂天派，喜歡前呼後擁的感覺，做事常常半途而廢。

提升後的 7 號人格，可以成為優秀的綜合管理者、理論家，也可以成為一個多才多藝的人，會表現出 5 號的優點。

1. 7 號提升到 5 號的策略

1. 考慮學習靜坐冥想，明白到成長過程也有沉悶的一刻，接受這是人生的一部分。

2. 練習完成一件事才開始另一件事。

3. 學習接受批評及矛盾。

4. 控制自己要「解決」問題的衝動。

5. 留心自己不要小看那些比自己差的人，或自以為比一些不夠自己活躍及樂觀的人強。

6. 明白到樂趣只是事情的一半，提醒自己可能只知道事情的一半，或許要清楚什麼是痛。

7. 不要被層出不窮的欲念所吞食，學習慢一點去欣賞每一件事的起、承、轉、合。

8. 學習自律，做事要有條理，編排好工作優先次序。

9. 小心自己自圓其說的習慣，特別是解釋自己的失敗或道德操守的失誤時。

10. 學習聆聽，而不用想定下一句你將會說的是什麼。溝通並非一定要高出別人，重要的是能易地而處。

2. 7 號提升到 5 號的練習

（1）練習自我意識

請留意自己在計劃享受積極、快樂的事物方面投入了多少注意力與精力。每天想想下面的問題，每次用 1 分鐘左右的時間：在面對某些消極事物的時候，我是怎樣轉變思路讓自己的行動變得新奇而有趣的？我是怎樣戰勝挫折的？有哪些不同的選擇與機會吸引了我的注意力和精力？

（2）練習採取行動

習慣性地避開所有可能導致害怕或煩惱的事物，所以實際上限制了自己。每天下意識地去練習堅持自己所有的決定，堅持自己承擔的責任，儘管這樣做可能會給你帶來挫折和煩惱的體驗。提醒自己，如果要放棄自己不想做的事應該有很好的理由和選擇。另外，請留意自己在什麼時候會受到某些事物的限制和影響。

（3）預演練習

在早晨剛醒來時，可以透過幾分鐘的呼吸訓練來集中自己的注意力，然後對自己說：今天我要練習將自己的注意力和精力集中於此時此刻，我要排除沮喪和煩惱對自己的影響。我還要練習時時刻刻想著別

人，不能光顧自己。當你進行此項練習時，你應該持有這樣的態度，即這些預想中的改變對你來說將會變成現實。

（4）回顧練習

晚上，請你用幾分鐘的時間去回顧今天所取得的進步。你可以坦誠地問自己：今天我是如何使自己的注意力和精力集中於此時此刻的？我是如何為別人的幸福著想的？為了完成這項練習我是如何遵守自己的約定的？透過這種回顧，用你今天的收穫去引導明天的行動與思維。

（5）練習反思

對 7 號而言，反思練習至少每週進行一次，反思的內容是享樂主義者的基本原則和最終的人生目標。生活就是由各種隨意體驗的可能事物編織而成的。因此，享樂主義者的最終目標是接受一個完整的生活，它有喜有憂，有快樂也有煩惱，有機會也有局限性。只要你能夠接受現實，堅持從實際出發，拋開沉悶的工作或擾亂人心的情緒，你的最終目標會變得更加容易實現。

▶ 案例分析：「貞觀之治」中的人物分析

九型人格認為每種人格類型都有優點，也都有缺點，沒有優劣之分。九型理論有利於個人成長，也有利於團隊的科學決策，同時也利於對人才的選拔。

唐太宗近似於和平型，因為他希望事情都以和睦的方式解決，希望得到他人的認可和幫助，有寬大的胸懷，有包容力。唐太宗能夠製造融洽的氣氛，在解決矛盾方面有特殊的才能，他對各方的意見都能允分理解，並能不帶偏見地耐心調停，以恰當的方式消除對立。

魏徵可以看做是完美型的人格，他是有名的諫臣，不懼權威，黑白分明，堅持原則，講究標準，有很強的責任感和使命感，常常留心於向唐太宗直言建議。他勇於直接提出意見，告誡統治者要居安思危。

　　王珪可以看做是思想型的人格，他最擅長批評貪官汙吏，表揚清正廉潔，好善喜樂，對任何事情都有自己的看法，有敏銳的洞察力，而且能夠公正準確地說出來。他能清醒地認知到自己和他人的長處，喜歡抽離情感，思考分析。

　　房玄齡可以看作忠誠型的人格，他不但是位謀臣，而且是對唐太宗最忠誠的人，他的團隊意識非常強，做事盡心盡力。他日夜操勞，不願讓一人用非所能，他就像團隊裡的調和劑，既能讓主管放心，又不會讓其他人感到威脅。

　　杜如晦可以看作領袖型的人格，他有膽識，勇於決斷，富有正義感，喜歡做大事，獨立自主，他常常參與重大事件的決策，為唐太宗的事業做出了重大的貢獻。「房謀杜斷」，他主持吏部的人事管理工作，制定重要的制度，這都是非常複雜且危險的工作；知果沒有超強的決斷力，是很難勝任的。

　　封建君主的權威至高無上，只要運用得當，下屬的執行力超強。唐太宗一世英雄，「威容儼肅，百僚進見者，皆失其舉措。」唐太宗的團隊不可謂不強：房玄齡善於籌劃，一心為國；杜如晦決策果斷，大膽推行。加上政權穩固，掌握了全國的優質資源，號令一出朝廷，天下聞風而動。在這種令行禁止的良好氛圍中，李世民沒有頤指氣使，更加倚重勇於直言相諫的魏徵。

　　剛正不阿的魏徵道：「古語云：『君，舟也；人，水也。水能載舟，亦能覆舟。』陛下以為可畏，誠如聖旨。」意思是說，執行者有「載舟」

與「覆舟」的兩面性，身為皇帝要能夠感到老百姓力量的可畏。如果管理者面對執行者「載舟」與「覆舟」的兩面性只知其一不知其二，那也是自己的一廂情願。

科學搭配的效果，是執行者都能出於公心，勇於表達不同意見。貞觀四年，唐太宗在長安下詔，徵發民工士卒修建洛陽乾元殿，以備自己巡狩時居住。張玄素上書反對，認為這樣大興土木，還不如剛剛被推翻的隋煬帝。唐太宗只好收回成命。唐太宗後來對房玄齡說：「張玄素的意見非常中肯。可貴的是他能夠在『眾人之唯唯』的情況下勇於說『不』，這應予嘉獎。」貞觀十六年的一天，李世民向魏徵諮商：在執行出現偏差與決策出現偏差之間，哪一個危害性更大？魏徵認為前者的危害性更大。決策者是不能自以為是的，否則等到自己處處感到執行力不如意時，處境就相當危險了。

九型人格只是給出了各個性格類型的特點，具體的搭配上，都是需要詳加分析的，領袖型的人並不一定做領導者，關鍵是喚發整個團隊的生機和活力。唐太宗透過納諫，意在形成一種校正機制，實際上是想樹立一種榜樣，形成一種風氣，要求管理者在執行決策時要隨時準備修正自己的錯誤，不能自以為是，不能假傳聖旨推卸責任；這樣一級做給一級看，有助於最高決策的落地更加切合實際，有助於決策在執行中達到趨利避害的效果。

第八章

6 號忠誠型的辨識和管理方法

第一節
6 號的人格特質

6 號是一個懷疑論者，他們對威脅的來源明察秋毫，會預想出最糟糕的結果。他們害怕權威，參與弱勢團體運動，感到在權威中可以有安全感。某些 6 號具有退縮並保護自己免受威脅的傾向，某些則先發制人，迎向前去克服它，因而表現出極大的攻擊性。一旦表現出願意信任時，他們會是忠誠而具有承諾的團隊夥伴，如圖 8-1 所示。

積極特徵	負面特徵
盡職盡責	焦慮緊張
忠誠可靠	取集負面
值得信賴	疑心消極
做事慎重	優柔寡斷
支持他人	不敢冒險
持久忠誠	自發性差

圖 8-1 6 號的人格特徵

▶ 一、基本特徵：懷疑和忠心並存

欲望特質：追求忠心。

基本欲望：得到支持及安全感。

基本恐懼：得不到支持及引導，單憑一己的能力沒法生存。

童年背景：認同父親或像父親一樣有權威的人，被權威人士稱讚是他們最大的願望。

性格形成：他們因忠心耿耿而被愛護，所以他們學會取悅權威而獲得穩定安全。

力量來源：忠誠型的人需要被指導，否則他們會迷失方向，一旦有權威指引他們人生的方向，他們就會忠心耿耿，全力以赴，可以絕對放心交託。

理想目標：他們不相信自己，相信外在權威。能自我肯定，自己的內在權威能指引自己正確的路，不必依賴別人，是他們的理想目標。

做事動機：他們團體意識很強，需要親密感，被喜愛、被接納及得到安全的保障，他們的動機和目的是希望團體中，彼此是支持的、和諧的、忠誠的。

人際關係：忠誠型，他們會是很好的員工，因為忠心盡責。安全感對他們很重要，當遇到新的人和事，會令他們產生恐懼、不安。

常用詞彙：慢著，等等，讓我想一想，不知道，唔，可以的，怎麼辦。

生活風格：愛平和討論，懼怕權威，傳統可給予安全感，害怕成就，逃避問題。

了解特質：認同及服從權威，有責任感；面對異己者時，容易陷入強忍／攻擊的矛盾中，因而變得優柔寡斷及過分謹慎。

自我要求：如果我能夠達到他人對我的期望，就好了。

順境表現：自我肯定，信賴別人和自己，容易與人建立親密的關係，對待家人、朋友及所屬的團體有持久的忠誠及承諾。

逆境表現：缺乏安全感，極度焦慮，自我貶抑，有被虐傾向。

不能處理逆境時出現的特徵：妄想狂型性格。

處理感情：害怕被遺棄，無人支持，對人太過依賴；對人有承諾感；值得信賴，同時保持獨立，而防衛性頗強。

令人舒服的地方：是逆境中可信賴的盟友。

令人不舒服的地方：順境時顯得過分謹慎。

身體語言：肌肉拉緊，刻意挺起胸膛；瞪起眼睛盯著人；故意粗聲粗氣，拐彎抹角。

恐懼犯錯：怕被欺詐、被出賣，缺乏安全感，無決斷力，過度謹慎，懦弱。

▶ 二、工作中的特徵：較為順從

座右銘：伴君如伴虎。

深層恐懼：缺乏安全感。

典型衝突：過於焦慮地不斷發問，令人（尤其 3 號及 7 號）生厭。

深層渴望：安穩、有保障。

基本困思：我若不順從，就沒有人會愛我。

管理方式：以解決問題及克服障礙為中心思想。

工作優點：對盟友忠心耿耿，不遺餘力地保護自己人。

工作缺點：對人抱著質疑的態度。

適宜的工作環境：有清楚的權力架構，大家努力找出真相。

不適宜的工作環境：工作指引模糊。

6 號警鐘：為了找尋安全感，而選擇婚姻、工作等；未雨綢繆，建立安全網；謹慎前進、降低期望。

時間管理：支持 6 號將內心的問題講出來，要求 6 號訂立時程，工作不能因為規則而停頓下來。

常見問題：推卸責任、易受侷限。

解救方法：清楚的職權分配，建議另類處理方式。

▶ 三、工作中的描述：較有責任感

做事情時總抱著嚴肅的態度，很認真。

努力做自己該做的事，而且相信自己的能力。

很有責任感，並努力做好與團隊精神有關的事，忠於團體。

需要權威人士來指引，什麼事該做，什麼事不該做，才放心、安心。

相信權威人士，尤其是對自己崇拜的權威人士，表現得忠心耿耿。

忠誠型的人對生命的看法是，應忠誠於家人、公司、團體及國家。

很注重團體規則及紀律，如果有人不遵守，會責罵別人，不信任不守規矩的人。

很善良、很努力，盡忠職守，為了家及團體可以調整自己的原則和規律。

一下子欣賞自己，充滿權威；又一下子優柔寡斷，依賴別人。

有時非常順從，有時又公開地反抗，性格經常表現得極端與矛盾。

想得太多又無法決定，採取行動充滿困擾，回答問題更是緩慢。

相當情緒化，因為受到焦慮的影響，無法自己做主決定重大決策而不安。

很注重傳統，遵守傳統規則才心安理得，情緒穩定。

他們對事情常常反應過度，愛瞎疑心。

▶ 四、工作中的情緒：討厭欺騙和不忠

非常討厭不負責任的人，並且嫉惡如仇。

討厭別人對團體的付出不夠及不忠。

用各種方式考驗別人，以證實他人對自己的態度。

很清楚焦慮，有時可以抗拒它，但多半會不由自主屈服。

在極端焦慮之下，曾傾向於指責並怪罪別人。

有時候衝到喉嚨的憤怒，罵出刻薄的話，事後後悔，又很難向別人認錯。

規律化，時間表排得很緊湊，對不守時的人會表示自己的不信任。

總是小心謹慎，但一旦犯錯就會把錯推到別人身上，以減輕自己的罪惡感。

常常不知道自己的真正感受，要從考驗別人中來了解別人眼中的自己。

做決定時喜歡聽取別人的意見，一有差錯，立即怪罪別人。

常因衝動而發生直接的攻擊行為，發生後也很自責，但嘴硬，還要別人道歉。

他們的幽默，其實不是真幽默，常常是諷刺。

他們會激怒對方，引來莫名其妙的吵架，其實是在試探對方。

▶ 五、6 號屬於很難相信自己的類型

6 號很難相信自己的想法和能力，一件事該怎麼做，得參照別人而不是自己的想法。雖然認為某個思想體系值得信賴，但還是會不停地去評價所有的觀念。他們總是在尋找某個東西的指導方針、一個權威給自己提供生活方向，告訴自己能做什麼和不能做什麼，給自己更明確的指示，為自己劃定範圍。總而言之，他們總在懷疑什麼。

1. 健康狀態下

與人的關係上很平衡，容易與人親近，能夠獨自工作，也能與他人平等工作，有充分的合作精神，能夠與人互相支持。能夠感受到真正的安全感，信任自己，也信任值得信任的人。有許多動人的特質，如美麗、友善、可愛、嬌憨，很有吸引力，就像小女孩、小男孩。他會保護他認同的人，和他在一起有一家人的感覺，能很忠實地讓人依靠。尊敬人特別是那些有權威的人。

2. 一般狀態下

心理自衛，當自己有犯規的想法時便投射在別人身上，缺少做決定的能力，崇拜權威又害怕權威。語言特色是「什麼可以做，什麼不可以做」，時刻注意權威要的是什麼，語速很慢，對自己很不肯定。十分謹慎，考慮太多結果反而沒有任何行動，把活力用在害怕和懷疑上，很多疑惑，常膽怯、內省，常問自己哪裡錯、哪裡對，在行動前預演可能發生的情況。人格在攻擊傾向與依賴傾向之間搖擺不定，覺得自己既是強大的又是軟弱的，既是依賴的又是獨立的，既是消極的又是有攻擊性的，既是甜美的又是尖酸的。

3. 不健康狀態下

信仰規條，可以犧牲一切服從法令、規條。忠誠型仍曾將反抗的情緒壓抑起來，日久產生抱怨，性情變得消極。過分忠誠於團體，理想被權威控制住。以教條式的方式面對問題，以免犯錯，沒有容忍矛盾的能力。過度關心察測每件事，在行為前要考慮到所有的不肯定。他相信攻擊是最好的防衛，先壓住人，控制住別人，把自己相信的規條視為是正確的規條，矯枉過正。

▶ 案例分享：

紅外線掃描器、妄想狂——他們的注意力就像一臺紅外線掃描器，總是在環境的各個角落裡搜尋那些可能對他們產生危害的跡象，總是想檢查他人的內心，看看他們的真實想法到底是什麼。妄想狂的思考方式，總是想像最糟糕的情況，恐懼症型的 6 號喜歡用分析代替行動，反恐懼症型的 6 號會去挑戰自己的恐懼，「逆流而上」，比如為了克服自己的懼高症，而努力讓自己成為高臺跳水的冠軍。

用人不疑，疑人不用

A 是一個當紅的模特兒，有著獨特的魅力，受到各個攝影棚、設計師的追逐。但最近，她所屬的公司被一家房地產公司收購了。這家地產公司有資金限制，於是他們準備跨行撈錢，但老闆從未涉足過娛樂業。於是他們保留了原有的架構，再派了團隊去負責管理。

擔任團隊負責人的是一個典型的 6 號型主管。從此，A 的工作陷入了危機。A 積極配合他，開會的時候表現出熱情，建議她在哪裡演出，和哪家公司合作等，但是負責人表現得十分冷漠。他經常說：「我們正在進入不了解的行業，對於你們，我們不理解，不得不謹慎，資金用錯地方，很難向老闆交代。」A 感到十分失落，她發現，對方居然在調查她是否與其他公司開展祕密合作。

A 高漲的工作熱情，讓負責人產生了懷疑。A 感到非常苦惱，她正是依靠這些混出了名聲，經歷也算輝煌。但負責人不為所動，甚至不信任她，這讓 A 備受打擊，她已經在尋找跳槽的機會了。

6 號中層主管需要克制自己的懷疑，並不是每個人都是懷著惡意投入到工作之中去的。6 號中層主管需要以善意的眼光看待下屬，除非有

切實的證據，否則，盲目的懷疑只會將下屬趕出團隊。當下屬給 6 號提意見的時候，他們會認為是有陷阱或是為了讓他難堪。其實，6 號只要能夠做到用人不疑，疑人不用，有理有據地懷疑，就能夠贏得下屬的喜愛，因為他們守諾、忠誠的品質是受所有人歡迎的。

滲透到骨子裡的危機感

有位電信企業的創辦人，他在網際網路最熱門的時候，毅然把旗下子公司賣了出去。在網際網路泡沫破滅的時候，他早已提前為企業準備好了預備方案。創辦人並不是神仙，而是他有一種存在於他骨子裡的危機感。

任何有警覺性的人，始終會把最不安全的事情當作必然。他並不認為自己是成功的，他沒有自豪感，也沒有榮譽感，而是始終存在著危機感。還在春天的時候，就已經說冬天不遠了，這是 6 號的典型性格特點。當一個企業家思考策略的時候，他會把危機感放在最重要的位置。當行業還在旺季、還處於春天的時候，他已經在考慮行業的危機了。

第二節
如何高效地管理 6 號員工

　　6 號員工是懷疑論者，他們謹慎小心，這個世界對於他們而言，充滿著各種危險，對於任何事物他們都放心不下。他們會採取一切行動防患於未然，從而規避潛在的風險。6 號員工也被稱為忠誠型，就像下雨天躲在樹下一樣，他們需要大樹給予自己安全感，同樣也害怕一個驚雷會劈到大樹上。

▶ 一、6 號員工存在的問題

1. 焦慮問題嚴重

　　6 號員工透過持續的活動來抑制焦慮。他們對自己的焦慮有很清醒的意識，因此會立刻求助他人，他們的自我懷疑很強烈，情緒也很脆弱。尤其在他們認為會得到安全感的情勢中，當衝突發生時，他們常常會息事寧人，盡可能在既定的原則和範圍內行動，不越雷池一步。最害怕所依靠的人拋棄他們。

2. 常感到不安全

　　6 號員工強烈地顧忌自己的安全。他們經常覺得自己的安全受到威脅，常常過於小心謹慎、容易猜疑。一旦掉進這個陷阱，就更加戒備，讓自己無法做決定，也難以有所行動。他們應該練習信任別人，實際體驗信賴別人並不會遭到背叛的感受。

3. 喜怕犯錯誤

忠誠型人物是腳踏實地、努力工作的人，但由於老是有不安全感及焦慮困擾著自己，他們精力浪費在怕犯錯、怕得罪別人、怕被責罰及對人多疑上。很多時候，6 號既無法充分信任別人，也無法充分授權別人做事，他們擔心出現不可控的危險。

4. 保守和猶豫不決

6 號傾向於小心翼翼地收集數據，了解實況，循規蹈矩，為求自己能夠萬無一失。當相互溝通和信任受到破壞的時候，6 號會保守和猶豫不決。6 號怕出錯而感到不安，更不願見到自己的努力受到無情的批評。

5. 不信任別人

6 號不大容易信任別人。每種人格類型都會對某些事物產生懷疑，但不會像 6 號那樣對於一切事物都抱著懷疑的態度。他們認為懷疑可以將奉獻降到最低，但也會降低自己的領導素養和能力，並養成了不信任他人的習慣。即便是作為主管，他們也不能給予下屬充分的信任。

6. 會逃避責任

他們害怕被權威者責怪，很容易將自己錯誤的決定和行為投射到別人身上，以免負責。6 號的顧慮太多，做出決定的時間太長。如果他們沒有充分的把握，即便看到非常好的機會，他們也不會貿然出手。不打無準備之仗，無法做到十拿九穩，他們不會做出決斷。

▶ 二、管理 6 號員工的方法（圖 8-2）

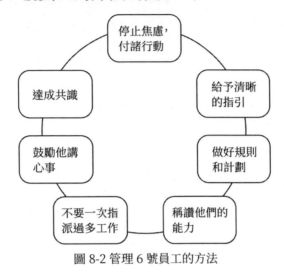

圖 8-2 管理 6 號員工的方法

1. 停止焦慮，付諸行動

　　告訴忠誠型的他們，穩下心來，成功失敗也好，著重過程，不在結果，相信每一次的行動過程中，都會帶來美好的經驗。停止焦慮→思辨→有勇氣全然地付出實際行動。很多機會都是在猶豫不決的過程中錯過的。

2. 跟 6 號員工溝通

　　要給他大量及清晰的指引。要幫他把路鋪好，告訴他路通向何方，哪個地段要注意安全，這樣 6 號就會信任你，就會輕鬆踏上征途。如果6 號不知道路通向何方，他是不會走的。6 號缺乏勇於冒險的精神。有時6 號想得很遠，他會把今後5 年、10 年、20 年，甚至更遠的事情都想到，莫名產生許多焦慮。當 6 號焦慮的時候，你不能反感，也不能厭煩，你得引導他說出自己的想法，然後鼓勵他，並引導他應該怎樣去做。一句

「出了事我擔著」就能夠卸掉 6 號的包袱，緩解 6 號的焦慮。雖然 6 號有很多的猶豫和焦躁，但他是一個很好的執行人，只要知道怎樣引導他，你就能用好他。

3. 做好規則和計畫

跟 6 號定好了的規則和工作計畫，不能私下改變。假如 6 號是銷售人員，本來已經定好了銷售政策，可你突然把銷售政策改了，6 號一看遊戲規則變了，他可能立刻就不做了。6 號是制定制度的專家，在他們看來，只要制度能夠將潛在的危險和問題考慮進去，所有的人都可以在嚴格遵守制度中，就能有效規避危機。

4. 激發 6 號員工

6 號的分析能力很強。要激發 6 號，你得稱讚和運用他的分析能力。6 號對什麼都抱質疑態度，沒有安全感。要激發 6 號，你得贏得他的信任。如果想贏得 6 號的信任，你只要把事情運作過程中的陷阱、危機等負面的東西告訴 6 號就行了。

如果你說出事情的負面因素，6 號就會覺得你這個人可靠，值得信賴。如果 6 號對你充滿質疑，你要幫助 6 號去尋找答案，並且鼓勵 6 號對你忠心及做出承諾。贏得了 6 號的忠誠，他可以在危難中為你獨當一面。古代也有很多 6 號忠臣。所以，上司要善於發現和利用 6 號這一點。

5. 不要一次指派很多工作

6 號的時間管理是軌道式的，就像火車一樣，只有到了這一站才能奔往下一站。也就是說，在安排工作時，不能同時安排給 6 號員工兩件工作，每次只能安排一件，等這一件做好了，再安排他下一件。如果同時

安排兩件工作給 6 號，6 號就會有很大的壓力。這樣不僅使他產生憂慮，而且會影響工作的品質和效率。在做一件事之前，6 號會猶豫；在計畫完成之前，他也會猶豫。開始之前猶豫是擔心事情做不好；完成之前猶豫是擔心老闆不滿意結果而交不了差。一個懂 6 號的上司知道怎麼卸掉 6 號的包袱，他會在 6 號行動之前對他說：「去做吧，有什麼事我擔著。」

6. 鼓勵他講出自己的心事

要鼓勵 6 號講出內心的焦慮和問題。6 號在巨大的壓力下會很焦慮，但沒有壓力也不行，上司應當注意適時給 6 號一些壓力。上司要提醒 6 號按時作息。6 號很守承諾，答應人家的事，他就算不吃不睡一定也要做到。6 號生病了，上司說：「你快回家休息吧。」6 號回答：「我的工作還沒有做完。」上司說：「快回去吧，你別管了。」誰知 6 號在回家的時候把工作也帶回家做了。

7. 與 6 號員工達成共識

6 號對人性充滿質疑。你對 6 號說：「我們簽個合約吧？」6 號說：「你想占我便宜。」所以，跟 6 號達成共識只有一個條件：贏得 6 號的信任。只有贏得 6 號的信任，他才會說「沒問題。」只有贏得 6 號的信任，他才認為「誰吃虧占便宜都沒關係」。如果他不信任你，他是不會跟你合作的。

▶ 案例分享

很難真正融入團隊中去

A 是某知名雜誌的編輯，業內對他的評價一直很高，認為他是一個迷人的傢伙。但在公司內部，同事們都覺得 A「不相信我們，也不相信老闆」。

一個編輯說：「工作一年了，還沒有融入他的圈子，很多資訊都應該提供給我，但是他卻一直藏著掖著，真受不了這樣的人。」A 聽到這樣的話就會反駁：「工作的時候，當然要做最壞的打算，員工都是人，人都會犯錯，都會撒謊。我們這行業的競爭壓力這麼大，需要防止進入對手的陷阱，我這都是為公司好。」

如果是 A 的下屬做錯事，A 會顯得十分憤怒，在他看來，這些問題完全可以避免，怎麼可能出錯，肯定是下屬故意做錯的：「到底是他的主意，想讓我出糗？還是受人指使，想陷害我？」

即使是上司做了什麼值得懷疑的事情，A 也會直接地表現出自己的惱火。又一次，上司在接受記者採訪時，抱怨了 A 主管的雜誌上的一篇報導，其實也是一種調侃。但 A 立即來到這位上司的辦公室：「你到底想做什麼，你要是對我有什麼不滿，就直接告訴我，難道你想用媒體的力量來壓迫我嗎？」

6 號型有著無窮無盡的恐懼、不安，是典型的悲觀主義者，他們對身邊的一切事物、人都存在著懷疑，這使得 6 號與外在世界顯得格格不入，他們想要融入團隊中去，但這種懷疑又讓他們無法真正被團隊所接納。

過於謹慎也是庸人自擾

張某是一家製衣公司的工廠主任，他的工廠以「零安全事故」在業內享有盛譽，他能夠很好地規避生產中存在的問題，無論是安全問題，還是生產效率，因此，老闆對他很放心，但也有些不滿，尤其是張某在很多轉不過彎來的時候。

張某經常謹慎過頭。一次，老闆要翻修工廠倉庫，張某就建議老闆，將倉庫的圍牆再造高點。老闆就不理解了，都 4 公尺的圍牆了，還

不高嗎。但張某認為，圍牆還是矮了，別人一翻就進來了。還有一次，老闆為了一個訂單，承諾 1 個月內交貨。張某找到老闆，認為縮減了 1/3 的工時，工人完不成任務。老闆說，訂單要是可以做下來，可以長期合作，完成了每個人都有提成，每個人多 5 天的年假。但是張某擔心的不是錢和休假的問題，他認為：疲勞工作，員工萬一出現什麼疏忽，造成什麼損失怎麼辦呢？

張某在焦慮中度過了一個月，他總是擔心下面的人會出現問題，時不時地就去工廠看一下。其實，每個人都會因為各式各樣的事情產生焦慮，可是很少有像 6 號型主管這樣沉浸在焦慮的情緒無法擺脫的。他們常常因為過度的焦慮而讓自己陷入負面的工作狀態，最終反而無法完成應該完成的業績。

6 號中層主管需要學會為自己減壓，他們凡事都會做最壞的打算，因此總是存在著巨大的工作壓力。如果 6 號中層主管能夠客觀看待自己的焦慮，以事實說話，以業績說話，將壓力轉變為動力，就能從中獲得更多的能量。

其實，6 號型的很多憂慮都是沒有事實根據的，他們經常讓自己陷入懷疑當中去，而無法注意到事物的積極意義。如果 6 號難以堅持工作，是因為他們在工作過程中會產生恐懼心理，導致自信心不足，以致在恐懼的道路上行走。除了給予他們權威的指導，告訴他們要自我提升，將考驗別人的熱情轉移到考驗自己的懷疑上，看清哪些是真實存在的，哪些是自己虛構出來的。

第三節
在最佳團隊中的角色和配對方法

　　適合團隊的執行力的角色有完美者、監督者與凝聚者。與完美者相匹配的個性有 1 號與提升了的 4 號，與監督者相匹配的個性有 6 號與提升了的 3 號，與凝聚者相匹配的個性有 9 號或提升了的 6 號。

▶ 一、6 號員工在最佳團隊中的角色（圖 8-3）

　　6 號員工重視團隊合作，就像他們重視團隊忠誠度一樣。他們相信在一個有著明確目標、志趣相投、效忠負責的團隊中，每件事都有可能。一旦團隊圍繞共同願景、發展風格等制定好流程後，他們就會抱著合作的態度來做事，他們樂於幫助團隊提供高品質的產品和服務。

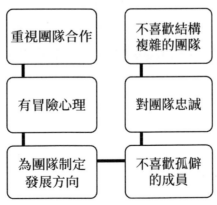

圖 8-3 6 號員工在最佳團隊中的角色

　　6 號在一定程度上有冒險心理，他們可以迎接並回應有巨大挑戰的團隊文化。6 號樂於將工作做得很好，為忠誠於團隊的成員提供幫助和

支持，並主動提出存在的問題。不過，6 號會提防他認為存在問題但未
能引起他人注意的團隊成員，提防那些喜歡單打獨鬥、不喜歡團隊合作
的成員。

　　6 號經常會顯露出自我矛盾。當他們願意為團隊制定方向，或給其
他成員提供幫助的時候，他們會對權力、權勢感到不舒服。幾乎所有的
6 號都會關注擁有權威的人的動機和行為，希望他們公平、有效地使用
權力，同時擔心這些人不會公正和始終如一。他們會把工作做到最好，
但他們對自己是否有能力面對這樣複雜的挑戰心有懷疑。

　　6 號非常欣賞團隊的力量，如果團隊變得結構複雜、反覆無常，可能
寧願遠距離觀察團隊，而不是高度地參與進去。當 6 號是員工的時候，
這是沒有問題的，但當 6 號承擔一定的領導者職務的時候，就會讓他左
右為難。從一個觀察者的角度去有效地領導一個團隊是很困難的。

▶ 二、3 號如何提升到 6 號來匹配團隊角色監督者

　　3 號希望透過自己的行動和成就來獲得他人的愛。樂於接受競爭，
追求成就感。總是把自己想像成勝利者，並擁有相當的社會地位。注重
外表形象，精於打扮。把真正的自我與工作角色混為一談。看上去往往
比實際上更出色。提升後的 3 號表現出 6 號的優點。

1. 3 號提升到 6 號的策略

1. 認清你的為人與你的成就是兩回事。

2. 不要不自覺便出去做主，有時讓別人做主。

3. 在你繁忙的生活中也抽出些時間去與人相處。

4. 享受一下宇宙那一股自在的動力，它自然的起伏、熄滅。

5. 問自己是否工作得太努力，可否考慮一下其他的事務。

6. 學習多些時間關注情感和關係問題，不要過度集中於工作與成就。

7. 警惕自己時常把開心、歡樂推遲才去體驗生活。

8. 不要用新的工作或新的計畫去逃避自己要面對的問題。

9. 覺醒自己的「虛假」，立即做出改變。

10. 明白自己的力量有限，接受身邊的人或許比自己無能或愚蠢，但他們也有存在的價值。

2. 3 號提升到 6 號的練習

（1）練習自我意識

應該多加注意自己的感受，而且應該注意到自己往往會為了有效的行動而撇開這些感受。請每天想想下面的問題，每次用 1 分鐘左右的時間：自上次審視了自己的感受之後，我又有了哪些新的感受？當這些感受出現時，我的精力正放在什麼工作上？我是怎樣壓抑或避開這些感受的？

（2）練習採取行動

應該了解到自己往往做事很迅速，所以針對這一點，應該不時地停下來讓自己休息一段時間，做做深呼吸。此時，應該讓自己的注意力隨著呼吸集中於丹田，並使之遠離外界。然後，在這種較為平靜的狀態下，可以試著用較為平緩的節奏去做事。為了檢驗該練習對你的作用，你可以留意一下自己是否花了時間去關注自己的感受，是否真的能夠聽別人的話。

（3）預演練習

在早晨剛醒來時，可以透過幾分鐘的呼吸訓練來集中自己的注意力。然後對自己說，今天我的練習內容是：了解這樣一個事實，即做事並不僅僅依賴於自己的努力和效率；學會更加關注自己真正的需要並停止工作。當進行此項練習時，你應該持有這樣的態度，即這些預想中的改變對你來說將會變成現實。

（4）回顧練習

晚上，請用幾分鐘的時間去回顧今天所取得的進步。你可以坦誠地問自己：在區別什麼該做和什麼不該做這兩個問題上我今天是怎麼做的？我是如何接受自己的感受的？我是怎樣將自己的行動步伐與自己的感受保持協調一致的？透過這種回顧，用你今天的收穫去引導明天的行動與思維。

（5）練習反思

對 3 號而言，反思練習至少每週進行一次，反思的內容是實幹者的基本原則和最終的人生目標。每件事都是根據通用法則來發揮作用積極實現的，而不是簡單地依靠實幹者的個人努力。因此，3 號的最終目標是了解別人對自己的認同和關愛取決於你自己，而不是你的所作所為。只要你能夠接受「生活的全部並非是永無止境地獲取成功」，那麼這個最終目標會變得容易實現。

▶ 三、一枚忠誠的運算元

6 號喜歡思索，所以做事很周到。比如，要打電話給一個客戶，6 號性格的人就會思索，這個電話是否合適呢？電話打完後效果會是怎樣呢？如果向他的祕書提前知會又會怎樣呢？如果被拒絕了呢？

6 號在決定一件事情的時候較為慎重，他們如果真的答應你一件事情，那肯定是比較可靠的事情。重承諾是他們比較優秀的品質，他們在乎自己的承諾，也就輕易不會承諾。所以，有時急性子的人會對 6 號常常有無名之火，但卻說不出來問題何在。所以，在一個團隊中，急性子的主管旁邊如果有這種 6 號協助，可以避免一些無謂的損失。

由於在乎別人的看法，他們在乎團隊，在乎團隊建設，一旦他們真的在一個地方待下來了，跳槽率一定比起其他性格的人低。由於穩定，他們如果維護客戶關係，也就比較持久。由於他們過於細緻，所以，財務人員中這種性格的人總是比較多。

▶ 四、6 號的個性突破

B 從小就生活在西方文化中，因而在與亞洲同事的合作中，總是會遇到這樣或那樣的衝突。尤其是在公司全球事業部整合之後，各分支機構之間衝突加大，她與亞洲的幾個核心成員，合作越來越不愉快。

1. 震懾行動

在一次團隊活動中，整個高層團隊的 8 個人針對全球團隊進行了評估，B 的分數相當低，其中，「團隊信任」只有 2 分（總分是 5 分），說明在信任度方面非常差。由於信任是一切團隊合作的基石，如果沒有信任，就談不上改善績效，更談不上長久未來。於是，B 決定改善信任關係。

於是，她帶領大家做了一個「信任活動」。每個人的名字都在一張 A4 紙上。然後，每個人都要真誠地去講述他／她對其他人的信任關係，用這些 A4 紙上的名字來擺他們的信任關係，距離越遠，說明越不信任。幾個重要人物都將 B 擺在了不大信任的程度，都感覺 B 與西方團隊溝通過密，造成了一些困難和衝突，他們不大信任 B 了。她徹底被震撼了！

2. 心靈手術

當她來演示她與大家的信任關係的時候，B將其他幾個核心人物都擺在了不太信任的位置上，在這個過程中，她講述了這些讓她不信任的經歷故事。她非常真誠，大家都很感動。

幾個人都看到了B的真誠，也了解到自己為什麼讓B不信任自己了。每個人都願意改善彼此的關係。B首先制定一個行動計畫，與他們溝通，共同來改善僵化的關係。

3. 破殼而出

聽到大家的真誠語言，B感受到了大家開放而寬容的心，她突然特別想擁抱大家。大家擁抱成一個圓圈，大家相互親切地看著，談著自己的感受，發出一陣陣的笑聲。

4. 化蝶飛舞

這次活動改變了很多人之間的關係。幾個承諾與B改善關係的同事，都與她積極溝通，而B也積極與大家聯繫，大家保持了一種友好、信任的關係。

後來，公司決定將全球事業部的組織框架進行大調整，將B調整到策略市場部總監職位，這會使B的優勢充分發揮出來，但這個職位會與她的「老敵手」緊密合作。她表示，現在，她有信心與大家好好合作，透過融合，達到共贏。

團隊不止是工作的地方，更是一個自我提升的地方，如何能在工作中找到適合自己的方法，消除自己的疑慮，得到大家的認可，就能極高地提高工作的品質和效率，這對於身兼疑惑和忠誠的6號而言，顯然極具現實意義。

第九章

7 號活躍型的辨識和管理方法

第一節
7 號的人格特質

　　7 號是一個享樂主義者，他們樂觀，精力充沛，迷人，盡可能保留很多愉快的選擇。在不愉快的情況下，他們會從心理上逃脫到愉快的幻想中。7 號是未來的導向者，當新的選擇出現時，他們還會適時更新內容，引導人們重新架構現實世界。他們容易接受新的經驗和點子，是富有創意的工作者，如圖 9-1 所示。

圖 9-1 7 號員工的人格特徵

▶ 一、基本特徵：追求快樂和享受

欲望特質：追求快樂。

基本欲望：追求快樂、滿足、得償所願。

基本恐懼：被剝削，被困於痛苦中。

童年背景：在小時候曾經擁有最快樂、最安逸的生活，享受過甜美

愉悅的日子。

性格形成：因為某種改變，他們從幸福的美夢中敲醒；他們害怕再失去快樂，只要抓住快樂就不放。

力量來源：不斷地找尋新鮮感及體驗快樂，喜歡感官知覺，喜歡縱情於娛樂，喜歡物質生活，喜歡享受，喜歡有錢。

理想目標：每天能活得愉快，並享受生命中每一次的盛宴，每一分熱情及多彩多姿，享受生命的甜美和幸福。

做事動機：想過愉悅的生活，想創新，自娛娛人，想過比較享受的生活，把人間的不美好化為烏有。

人際關係：最緊要的事是玩得開心，很需要生活有新鮮感，所以很不喜歡被束縛、被控制。

常用詞彙：管他呢，爽，用了／吃了／做了再說。

生活風格：愛講自己經驗，喜歡製造開心，人生有太多開心的事情等著他。

自我要求：如果我得到我需要的一切，就好了。

順境表現：擁有鑑賞力，令人喜悅，懂得充分享受生命，熱情洋溢，活得精彩，多才多藝。

逆境表現：粗魯無禮，對他人具有攻擊性，極度以自我為中心，為了滿足自己的需求而傷害別人，沉溺逸樂，有時衝動得令人討厭。

處理感情：逃避痛苦、空虛感，不願面對自己給人帶來的痛苦；過分強調個人的需求，很容易覺得照顧別人是負擔。

令人舒服的地方：有活力，有趣，事事向好的一面看。

令人不舒服的地方：虎頭蛇尾，不願面對問題。

身體語言：不斷轉動身體，坐立不安，手勢不大；大笑或不笑，很少微笑，有不屑的表情，有時瞪眼望人；語不驚人死不休。

▶ 二、工作中的特徵：正面積極

座右銘：變幻才是永恆。

深層恐懼：被剝削、束縛。

典型衝突：信口開河，太多承諾。

深層渴望：好玩、開心、快樂。

基本困思：我若不帶來歡樂，就沒有人會愛我。

管理方式：構思計畫，然後授權別人執行。

工作優點：正面積極，化腐朽為神奇。

工作缺點：太過以自我為中心。

適宜的工作環境：需要不時嘗新、冒險，千變萬化。

不適宜的工作環境：重複性的工作。

7 號警鐘：家花不及野花香，永遠不滿足現狀，被將來可能發生的事情所吸引，不懂得欣賞目前，不會生根，沒有深度。

時間管理：協助 7 號將焦點放在目標上，不浪費時間吹牛；幫助 7 號計劃將來；7 號討厭文書工作，幫助他們將不喜歡做的檔案工作在最短時間完成。

常見問題：踐踏別人，玩世不恭。

解救方法：以共同訂立的目標回歸。

▶ 三、工作中的描述：多才多藝

常會為自己和他人帶來快樂。

興趣廣泛，多才多藝，只要自己願意，跟任何人都能談笑自如。

很喜歡做計畫，但總虎頭蛇尾，計畫完成後，已經不想去執行了。

身邊如果有人發生問題時，很快就能替人想出解決的辦法。

放任自己輕鬆愉快，逍遙自在，也喜歡逗別人，跟別人玩。

自己耳聰目明，想學的事一學就會，並且伶牙俐齒，覺得別人笨。

不喜歡過嚴肅的生活，工作中累了，一定會安撫自己，讓自己吃些、喝些、快樂、舒解一下，很會重視自己。

如果有事煩心，最好的方法就是別去想它，轉移一下，找找樂子，自然就快樂了。

比較懶，只要躲得過。都讓別人去處理，容易與人起衝突。

他們為了自己高興，常不顧慮別人的感受，直接坦誠地表達自己的看法。

他們很少用心去聽別人的心情，只喜歡說俏皮話，他們需要別人的喝采，為他們的笑話而笑。

他們自認為人際關係很好，口齒伶俐，口吐蓮花，甜蜜可人。

▶ 四、工作中的情緒：渴求滿足欲望

渴求滿足欲望的力量很強烈，需要立刻滿足自己。

追求快樂，立即滿足自己的所想，是人生最重要的事。

對感官知覺特別敏銳，外在的豐富世界，總覺得又快樂又刺激。

常覺得想太多、煩惱太多的人真無趣，事實上明天會更好。

討厭別人冗長的故事，聽起來好煩。

不喜歡聽不好或不幸的事，所以最好不要告訴我。

過得很好，很快樂，每件事都好玩，沒有任何事值得我煩心。

喜歡戲劇性、多變及多彩多姿的生活。

如果不停地有感官的活動和刺激，他們就覺得生命有意義。

他們相信及時行樂是絕對重要的，至於明天當然不用擔心。

他們喜歡自由，不給自己任何限制，不願耐心等待，要立刻滿足。
欲望不能達到，或別人限制其自由，會非常憤怒。

▶ 五、屬於易受環境影響型

他們的思維敏捷而善變，好奇心強，容易受到外界刺激，對新的觀念和經驗十分熱衷。值得注意的是，與 5 號不同，7 號把他們的思想首先聚焦在這個世界和他們想要完成的事上，思考世界的可能性，思考未來的活動，這些都使 7 號感覺良好，能夠幫助他們阻擋可能的痛苦情緒和內心焦慮。

1. 健康狀態下

是九型人格中最喜悅的一型，能充分享受生命，醉心於愉悅的生活，是永久的樂觀者，無論人生多糟都會找到令他愉快的事，散發著輕鬆愉快的活力，在人群中閃閃發光，直接使別人快樂，很幽默。比較沒有執行計畫的行為，總把計畫放在未來，情不自禁逃避現實中的痛苦。會欣賞人、大自然及周圍的世界，能夠在每件事上找到美好的一面，能感恩，接受任何東西，要求不多不貪心。有實際的行為，而不是用想去解決問題，是資源很豐富的人，相當多才多藝。

2. 一般狀態下

生活的焦點就從創造轉向了擁有與消費更多物品和經驗，他們忙著使自己的生活充滿刺激。然而，過度活躍終將使快樂遠離他們，因為他們無法欣賞自己創造或擁有的任何東西，行動越來越衝動和失控。常常在計劃，但不一定實際去做，對每件事都有興趣卻不持久，常說「以後做」和「有興趣時再研究研究」。

3. 不健康狀態下

　　無法面對痛苦的事件。放縱自己的欲望變得很貪心，只關心自己的滿足，總感到不夠，過度地索求。不會實際地看未來，整天做白日夢，期待未來，今天好，明天會更好，事實上什麼也不好。常把過去抓得很緊，只記得好的，將過去的痛苦昇華，會講很多話以減少痛苦和緊張。表面上看來友善。持續的行動，沒有目標的行動，逃避現實生活，逃到計畫和方案中而忽略現實。

▶ 案例分享：

　　7號享樂主義者，他們是小飛俠彼得潘。他們是戀青春狂，希望自己是永遠長不大的孩子。他們是自戀狂，像希臘神話中的美少年納西瑟斯，這位年輕的美男子愛上了水塘中自己的倒影，最終望著自己的倒影憔悴而死，化作了美麗的水仙花。他們是萬人迷和吹牛大王。

承擔責任，別找替罪羊

　　C在擔任某公司業務部門的主管時，幾乎將手頭的所有權力都分配給下屬。基層員工在初次遇到C時，都感到十分開心，因為這位主管善於放權，每個人都可以自己負責，而不受上級的干擾。然而，沒過多久，基層員工就感覺不那麼對勁了，這位主管樂於放權，更樂於放棄責任。

　　每當下屬與某個客戶談判出現失誤時，C認為自己完全不需要為下屬的失誤負責。即使員工在細節上遇到一些困惑，也無法從C這裡獲得明確的答案。事實上，C很少解答下屬的疑惑，也不會幫助解決問題。在實施C的計畫時，因為出現漏洞，導致談判失敗，公司損失。C也決

口不提自己的決策性失誤，她總是能夠找到各種藉口，諸如學到了很多經驗、帶來了一些收益等，而業務失敗的下屬常常會受到公司的某種處分，更加直接的是獎金的減少。這樣，基層員工越來越覺得這位上司不負責任，不願意再聽從她那些天馬行空式的想法，只願意做自己十拿九穩的事情。

　　7 號善於尋找替罪羊，不是專指他們的下屬，也包括各式各樣的客觀因素。7 號自我保護的一套機制就是，不承認自己計畫的缺陷，不承認自己的能力問題，而會指出問題發生的各種直接原因。7 號拒絕更大的權力和責任，在他們看來，一旦擁有了權力，就必然要承擔相應的責任。7 號必須學會承擔責任，一味地追求自由，會讓他們表現得自私自利。

確保制定的計畫貫徹執行

　　J 是一名 7 號的主管，他經常訴說自己的煩惱：「下屬不喜歡我，我做事總是半途而廢。」他希望透過培訓改善自己，於是接受了一個月的教練輔導。

　　每個星期，教練都會問一次：「計畫進展得怎麼樣？」J 總是回答：「已經安排好了。」教練也就不再多問，但到了最後一個星期，教練又問了一次：「這個月的計畫都完成了吧？」J 才表示，有 3 個計畫都沒有完成。

　　教練就對他說，「你每次都說你安排好了，也就是說，你的計畫已經制定並發布了，這其實是一種承諾，不僅是對公司員工，也是對你自己的一個承諾，把計畫完成。但你有 3 個計畫沒有完成，為什麼呢？」以及「你說你已經安排好了，其實是說，計畫都制定好了，關鍵是全部都告訴下屬了，他們會完成的，但是作為管理者，你的計畫不僅是計畫的制定和發布，同樣要確保計畫的執行效果。」

　　7 號在管理的過程中，往往會顯得「虎頭蛇尾」。 7 號認為，每個創

意的迸發都是讓人欣喜的，每個創意在付諸實施時也都是讓人愉快的，但是計畫的實施過程是乏味無趣的。他們經常在計畫執行的初期，充滿激情，號召下屬紛紛投入到這個專案中去，可計畫執行到一半，他們又跳到另一個計畫上，留下一個爛攤子給下屬處理。7 號不把計畫當作承諾，拒絕承諾的束縛。7 號要明白，一個計畫就是一個承諾，一個關於全力投入、堅持到底的承諾。

第二節
如何高效地管理 7 號員工

　　7 號是熱情充滿陽光的人，到哪裡就把快樂的種子散發到那裡，他們會把平淡、平實的生活點綴得充滿樂趣，用抽象的方式提升生活情趣，製造羅曼蒂克的氣氛，能將情緒昇華，使別人在他們的帶動下，可以活在明天會更好的幻想境界中。

▶ 一、7 號存在的問題

1. 常常感到焦慮

　　7 號發展出了一套抵禦焦慮感的思維模式和行為模式。他們當下擁有的經驗並不能真正地影響他們，也不能真正地滿足他們。他的注意力總在別的地方，而不能集中在正在經歷的事情上。這自然會減少經驗帶來的快樂享受，令 7 號永遠處在飢渴狀態。隨著快樂的減少，一般狀態下的 7 號感到焦慮和不安全，為此他們投身於更多活動中。

2. 會自由放任自己

　　他們為了使自己快樂，不考慮規範，我行我素，以為只要我喜歡，有什麼不可以呢？他們告訴別人明天會更好，所有事情都可以處理好，事實上他們怕碰到不好的事。他們知道如果經歷沮喪，會比任何人都過不了關。他們忍受痛苦的能力幾乎等於零，所以用生活的豐富及高亢的情緒將沮喪蓋住。

3. 掉入理想主義的陷阱

他們討厭生命中有生、老、病、死，討厭別人把他們從美麗的空中樓閣中拉到地面上。只要遇到困難，最好的方法就是別去面對，換個方式再活下去。他們不相信生活的難題會擊倒他們，認為只要爭取快樂的空間，所有問題自然會得到解決。

4. 貪圖各種享受

只要有人邀約，提供快樂、口欲及享樂的事，他們往往來者不拒，甚至已經筋疲力盡時，居然能立刻重燃熱情，他們的時間、體力和精力就這樣被無聊地浪費，以至於沒有時間和精力去做有目標、有計畫的行動，為社會造福。

5. 不耐煩，易衝動

享樂主義，做事欠缺耐性，他們都很怕悶。不耐煩之餘，也很易衝動行事，他們做事鮮有周詳計畫，想做就去做。但他們必須要小心，就算遇上很有情趣的事情，也要學習不要沉迷玩下去。

6. 沒有勇氣面對悲傷

沒有痛苦、只有快樂的人生對他們而言才是最理想的。他們的意識停留在美好的回憶以及未來的計畫之中，對於不如意的事就會感到非常不滿與焦慮。只是追求快樂並不能得到人生的喜悅，接納悲傷與痛苦的事實，按部就班地完成事情的能力，是他們需要掌握的。

▶ 二、管理 7 號員工的方法

1. 不要貪圖享受

　　告訴活躍型的員工，沉醉於紙醉金迷，久而久之會麻木。人生無常，只要細細地體會人生每一個過程，都會有每一次的驚訝和喜悅。情緒興奮→停止→注意每一步、每一腳印→智慧喜悅增生。過分地享受欲望，對工作而言是非常不利的，會讓自己喪失進取的意志和信心。

2. 跟 7 號員工溝通

　　跟 7 號員工溝通要慎重。7 號員工是有大理想和夢想的人，喜歡創新，但不喜歡別人的批評。7 號最討厭說話囉唆、長篇大論，最喜歡一句話就切入正題。跟 3 號一樣，7 號不願意面對問題，你就得學會把問題包裝後再讓他去做。如果出現了問題，你要對 7 號說這是一個成長的機會，7 號也許就能改變態度了；還要幫助 7 號改變經常信口開河做承諾，但最後卻不兌現承諾的習慣。

3. 激發 7 號員工

　　7 號的激情和樂觀，能使整個團隊都很振奮。在一個大辦公室中，把 7 號安排在中間，他會把團隊成員變得很激情、很活躍。如果把 7 號關在一個只有電腦的房間裡，他玩了一會兒就覺得沒意思就會溜了。就算你把門鎖上，他也會從窗戶跑掉，他不喜歡一個人待著。

　　7 號往往有理想和宏偉的計畫，但往往與現實脫節，需要提醒他注意與現實的聯繫。7 號行動迅速，在團隊中總是超前的，他不能跟著你的時間表亦步亦趨。透過看廣告來買東西的人只占所有消費者的 15%。其實，在這 15% 中 7 號和 3 號居多，因為 7 號和 3 號都喜歡嘗試新鮮的、前衛的東西，屬於勇於探索新鮮事物的人。

　　激發 7 號要尊重 7 號，要跟 7 號平起平坐。如果不尊重 7 號，7 號一定會做一些惡作劇，讓你難堪，因為他們更喜歡有激情、輕鬆、有活力的工作環境，要有心理準備。

4. 不要浪費時間

　　一天 24 小時都是遊戲時間。要提醒 7 號不要把時間浪費在吹牛上面，不要到處說空話，放空炮，要懂得計劃。7 號完全活在當下，今朝有酒今朝醉。7 號最討厭文字工作，如果讓 7 號寫報告的話，最好先給他一個文案。7 號特別不願意面對錯誤，不能直接指出 7 號的錯誤，應該先提一提他好的一面，中間再夾上一些需要提升的方面，最後再就某些方面表揚表揚他，這種「三明治」式的方法在 7 號那裡會收到意想不到的效果。

5. 跟 7 號達成共識

　　措辭要精確，盡量減少可被他利用的漏洞。7 號喜歡抓漏洞，他們有懶惰的一面。當答應一件事情或是合約，如果沒有很好的約束方式，7 號如果沒有完成的話，就會找出各式各樣的藉口。很多荒謬的藉口，在他們那裡完全是一種玩笑式的言辭，讓人哭笑不得，但他們認為沒有什麼。

▶ 案例分享

增強居安思危的能力

　　韋小寶是金庸經典武俠小說《鹿鼎記》中的人物，很多人都羨慕能夠成為韋小寶這樣的人，而他就是典型的 7 號活躍型人格。

　　韋小寶的一生是令人羨慕的。他出身青樓，卻因緣際會加入自己嚮

往已久的天地會；他進入皇宮做臥底，卻成了皇帝的好兄弟；他誅殺鰲拜，不僅成了青木堂的香主，更成了朝廷大官；他攻打神龍教，成了白龍使；出家保護老皇帝，直接成了少林寺的師叔祖；他有 7 個老婆，每一個都性格鮮明，也都堪稱國色天香。

無論是在家裡，在朝政，還是在江湖，韋小寶都混到極致，幾乎成了最快樂的人。但這樣的生活真的穩定嗎？7 個老婆會不會翻臉？多變的身分敗露後會面臨怎樣的痛苦境地？

在小說的最後，韋小寶身分敗露，天地會逼他挖龍脈，皇帝逼他誅殺天地會，韋小寶只能散盡家財，最後只有 7 個老婆陪著自己。如果早點做出選擇，韋小寶無論是在江湖，還是在朝堂都將成為舉足輕重的人物。7 號總是顯得有點自戀，他們對於未來的預期是樂觀的，但他們欠缺的就是居安思危的意識和能力。

重視制度和文化，讓活躍有底線

M 是一家直銷公司的老闆，他們作為一家銷售外包公司，負責幫助客戶銷售各種產品。M 選擇的客戶產品大多是一些奇怪而有趣的東西，M 十分熱衷於這項工作，每當看到這些產品，M 就會感到快樂。

M 在公司管理上，採取完全開放式的管理。雖然員工抱怨目標不太明確、工作內容重複；但對於現在的公司營運而言，這些並不是什麼大的問題。除了這些抱怨外，公司的行政制度也存在問題。有時候，M 發現手下突然沒有人可以用了；有時候，員工的醫療保險也會出現問題。

M 很少會通過員工培訓去達到團隊融合，他覺得，那枯燥乏味到極點了。M 會帶著自己的下屬去參加各種各種有趣的活動，甚至帶著員工參加卡丁車比賽、高空彈跳、跳傘等活動。

M 在評價自己的時候說，「很多人不理解我，在他們看來，我與其

是在做銷售，不如說是在投機；其實，我只是在幫助消費者尋找一些有趣的東西。而對於公司，我所能做到的就是，讓下屬在我的感染下，向外挖掘自己的可能性。」

在自由主義、平等主義的影響下，7 號會忽視公司的制度和文化，即使公司有一些確定的規則，7 號也會成為第一個違反的人。對於 7 號而言，只要自己能夠給下屬提供熱情和想法，下屬自然會執行自己的計畫。然而，制度和文化是公司執行所必需的，也需要得到管理者認真地對待。否則，下屬會因為制度、文化的缺失而迷失方向，公司也會因為下屬的任意妄為而面臨損失。

7 號有各種夢想和計畫，但到了中後期，對於重複性、細節性的事務就會選擇逃避，而投入到其他的計畫中去。他們幾乎不懂得什麼叫失敗，對計畫的結果完全不在乎。7 號員工需要明白，這個世界不僅有快樂，同樣有悲傷、痛苦、無聊，沒有人可以永遠快樂。如果 7 號能夠忍受計畫實施的無聊、處理問題的痛苦、計畫失敗的悲傷，那麼，當他們獲得成功時，就必然可以得到更大的喜悅。

第三節
在最佳團隊中的角色和配對方法

適合團隊的創新力的角色有訊息者、創新者與協調者。與訊息者相匹配的個性有 2 號與提升了的 8 號，與創新者相匹配的個性有 4 號與提升了的 2 號，與協調者相匹配的個性有 7 號或提升了的 1 號。

7 號員工充滿活力，能夠快速推動行動。他們刺激團隊使之聚集在為客戶提供獨特的產品和服務上。7 號是團隊中的平等主義者，認為團隊成員和其他人都是平等的，他們都有相同的資格表達自己的觀點。7 號希望貢獻自己的主意、說出自己的想法，從而取得高品質的工作成果。

7 號強調團隊願景和團隊文化，不太強調團隊風格和文化。這僅僅是因為 7 號自己不喜歡在一個僵化的團隊中工作。對於 7 號來說，大多的結構框架或是流程會限制他們的自由思考和自由行動。對於團隊成員來說，放鬆的組織形態可以讓他們很好地工作。

7 號強調願景可以極大地鼓舞團隊的士氣，他們會持續地把新想法放到最初的願景中。這些新鮮主意都是對願景的修飾，或者是與願景相關的不同活動。但是，這也可能讓其他團隊成員感到超負荷，失去工作的焦點。

如果 7 號感到不能提出新鮮主意了，就渴望其他成員採取更多的主動性。團隊成員不再貢獻新的主意，是因為已經有了那麼多的新建議，而且 7 號快速地把這些主意傳遞給了其他的團隊成員，以至於他們根本就不用再思考。

7 號可以稱為永恆的幻想家，他們總是被新主意和新可能刺激。7 號熱愛創新，活力四射，經常吸引那些也想衝破條條框框的有才華的人，7 號最愛問「為什麼不」，而不是問「為什麼」。

▶ 一、1 號如何提升到 7 號來匹配團隊角色協調者

1 號對自己和他人都有極高的要求。相信總有一種正確的方法。有一種天生的優越感，認為自己比他人強。因為害怕犯錯而猶豫不決，推延行動。經常使用的詞彙是「應該」和「必須」。1 號提升後會表現出 7 號的優點。

1. 1 號提升到 7 號的策略

1. 不要當批評家，吹毛求疵。
2. 想停留於「對」的位置，還是活在當下。
3. 照顧自己的事，因為你所要的跟別人所要的不一樣。
4. 學會什麼是「沒錯」。
5. 嘗試接受及包容自己的不完美。
6. 用自己「對、錯」的觀念作參考，而不是評判別人。
7. 放鬆自己，不再壓抑自己的感受。
8. 多留心其他環境因素，別以為自己的判斷等同於事實。
9. 鼓勵犯錯，錯誤會成為有用的數據、回應及智慧。
10. 原諒自己。

2. 1 號提升到 7 號的方法

(1) 練習自我意識

應該多關注內心的自我批評，以及他對自己不斷提出的要求。請每天想想下面的問題，每次用 1 分鐘左右的時間：「我是如何判斷自己和別人的？判斷的頻率有多高？自我批評給我帶來了什麼樣的感受？它是如何影響我的行為的？」

(2) 練習採取行動

應該每天下意識地將時間投入到個人的需要以及那些讓人快樂的活動中。請抽出時間安排這些活動。請注意當你在做某些讓人愉快的事情時出現的內部牴觸情緒。這時，你可以將這種牴觸作為一種訊號，讓它提醒你繼續做那些讓你感到愉快的事情。為了檢驗該練習對你的作用，你可以注意一下自己的愉悅感和工作是否比原來更加平衡了。

(3) 預演練習

在早晨剛醒來時，可以透過幾分鐘的呼吸訓練來集中自己的注意力。然後對自己說：「今天我將練習去接受自己和別人的錯誤與過失，因為它們是生活中很自然的一部分。我要學會去接受不同的觀點、不同的價值觀以及不同的做事方式。我可以透過放棄怨恨，學會諒解來做到這一點。今天我會試著對快樂和工作一視同仁。」

(4) 回顧練習

晚上，請用幾分鐘的時間去回顧今天所取得的進步。可以坦誠地問自己：「今天我在接受錯誤與過失方面做得如何？我在承認人與人之間的不同之處方面做得如何？我在原諒他人方面做得如何？我在同等對待工

作與快樂方面做得如何？」透過這種回顧，用你今天的收穫去引導明天的行動與思維。

（5）練習反思

對 1 號而言，反思練習至少每週進行一次，每次用幾分鐘的時間。1 號忽略的和需要恢復的基本原則是：「我們都是一樣的，而且我們很出色。」因此，對完美主義者而言，他們的最終目標就是透過恢復「生活是美好」的感覺來實現十全十美，而不是像原來那樣將任何事簡單地分成對與錯。只要你能夠接受人與人之間的區別和錯誤，對自己和別人抱有同情心和寬恕之心，以及讓自己有時間去放鬆和享受生活，那麼這個最終目標會變得更加容易實現。

▶ 二、從《海闊天空》看團隊合作

《海闊天空》是一部勵志類的電影，演的是企業家合夥創業的感人故事。三個主角都有鮮明的性格特徵，可以從優秀團隊搭配的角度去分析。只有性格互補，合理搭配，才能打造出更多的合夥團隊，這裡面有很多九型人格的學問。

影片開場，成東青經歷了兩次落榜的失敗，跪在地上，祈求窮困的母親再給他一次大考的機會，厚厚的鏡片下閃爍著惶恐而又執著的眼神，顯得土裡土氣；知名大學開學的場景，另外兩位主角孟曉駿和王陽相互打鬧扔東西，恰好戲劇性地砸在了成東青的頭上，偶然的碰撞，砸出了一個「合夥人」。

影片中的成東青是典型的 6 號忠誠型，他勤奮努力，待人真誠，但卻不自信、沒有安全感。他被逼無奈，只好貼宣傳單開補習班，來賺錢養活自己。但如果沒有孟曉駿的加入，成東青可能會一直貼宣傳單，搞

自己的補習班，他覺得這樣的生活也很不錯。有了 3 號孟曉駿的加入，打破了 6 號往日的安逸，並且為了夢想發生了團隊衝突。也正因為 3 號的加入，才有了「新夢想」的誕生及成功。3 號與 6 號的搭夥是否最合理呢？影片中也看到，他們的衝突不斷。這樣的團隊中，必須有一個磨合調節的人，那就是 9 號和平型或者是 7 號活躍型。影片中有另一個合夥人王陽，就是 7 號活躍型。只要覺得是快樂的事，他就會做。就像影片中王陽陪成東青冒雨貼補習班的宣傳單時，他覺得這是件有趣的事，所以去做，而此時的成東青貼宣傳單的動機卻是為了生計、為了找到安全感。有了快樂的 7 號，也使 3 號和 6 號的衝突有所緩和，更能冷靜地思考「新夢想」的未來。

　　成東青在影片中經典的表現是，泡在圖書館裡秉燭夜讀、倒背牛津詞典、為朋友兩肋插刀，但簽證時面對美國人唯唯諾諾，支支吾吾，因當家教被開除公職後，聯合王陽到處貼傳單，利用廢棄廠房創業辦學。成東青因此贏得了愛情，贏得了友情，同時也贏得了金錢。如果沒有另外的一位合夥人出現，成東青有可能守著一畝三分地小富即安，不可能有大的發展了。

　　3 號的孟曉駿，有著優越的家世，父輩祖輩留學美國，帶著家族的殷切期望，他自我感覺良好，目標遠大，在課堂上公然和教授叫板。3 號對人比較冷漠，為了考托福，成東青替他挨打住醫院，他連探望都懶得去。他是三個兄弟中唯一透過簽證，直奔美國去實現夢想的人。

　　另外一個放浪不羈的文藝青年是活躍型的 7 號王陽，他的格言是：「假如生活欺騙了你，你也要欺騙回生活。」上大學的時候，他最主要的事情是談戀愛，後來也順利和一美國女子交往，不幸的是最後卻被甩了。美國夢破滅後，他痛定思痛，洗心革面，從半空中回到了地上。

正當成東青和王陽英語補習班風生水起、財源滾滾的時候，孟曉駿在異國他鄉混得差強人意回國了。失敗對 3 號來說是沉重的，他離開的那一刻，仰望著其他公司成功上市的新聞，透露著狠狠的眼神：「我會回來的！」至此，「新夢想」三劍客全部到齊了。6 號的成東青是掌門人，51%控股，3 號孟曉駿和 7 號王陽是他的左膀右臂，占 49%。

但 6 號和 3 號的衝突馬上上演了，成東青正坐在老闆椅上沾沾自喜，卻被孟曉駿逼到了牆角：「你的夢想是什麼？你的夢想是什麼？」成東青茫然了，開始調侃。孟曉駿大聲地說：「上市！上市！要做 NO. 1。」這是 3 號發自內心的吶喊！可是 6 號卻嚇壞了，6 號要的是團隊穩定帶來的安全感。於是 6 號按照自已的邏輯，送給孟曉駿了一套大房子，可 3 號並不領情，說他要的完全不是這個。緊接著稀釋股份的舉動激怒了孟曉駿。在王陽的婚禮上，當賓客散盡杯盤狼藉，三兄弟大打出手，血淚合流。

3 號離開後不久，「新夢想」面臨了智慧財產權的問題，成東青因此陷入了滅頂之災。當王陽拉著熟諳美國遊戲規則的孟曉駿重新出現的時候，影片達到了高潮。三劍客與人唇槍舌劍的交鋒，他們再次展現了團隊的力量，此時的成東青再一次表現出了 6 號處理危機的能力。尤其是最後一段流利的英文演說，尤其精彩：「我一直在等一個時機上市公司，現在終於等到了……會有一天，當我們三個不再只是教書匠，而是全球最龐大教育產業股的代表，你們就會真正尊重我們，再不需要透過打官司來溝通。」

要想做大事業，合夥人性格的匹配是非常重要的，就好比團隊建設匹配類型一樣。6 號周全謹慎，但缺乏魄力；3 號有夢想膽識，但急功近利；7 號創意無限，往往虎頭蛇尾。如果把他們每個人的劣勢集中就會出現缺乏魄力、急功近利、虎頭蛇尾，如果把每個人的優勢發揮出來就會是周全謹慎、有夢想膽識、創意無限。

第十章

8 號領袖型的辨識和管理方法

第一節
8 號的人格特質

8 號是一個支配者，他們具有獨斷性、攻擊性，對生命抱著「一不做二不休」的態度，他們通常是領袖，善於關心和保護朋友。他們關心正義和公平，而且樂意為此而戰。他們追求享樂，從喝酒作樂一直到理性的討論。他們能覺察到權力的所在之處，使自己免受他人的控制。8 號會忠誠地運用自己的力量，支持有價值的條件，可以成為人群中的領導人物，如圖 10-1 所示。

積極特徵	負面特徵
果斷堅強	控制欲強
勇於承擔	專橫霸道
勇氣堅持	攻擊性強
保護性強	沒有耐心
富有遠見	不夠圓滑
抗壓性強	妄自尊大

圖 10-1 8 號員工的人格特徵

▶ 一、基本特徵：追求利益和權力

欲望特質：追求權力。

基本欲望：決定自己在生命中的方向，捍衛本身的利益，做強者。

基本恐懼：被認為軟弱、被人傷害、控制、侵犯。

童年背景：希望獲得愛與關懷卻得不到，卻學到必須強烈堅持自己的意見，才會得到大人的反應。

性格形成：發展自己的能力，並勇於發表自己的看法，而在能力的表現上也漸漸得到大人的肯定而更強化了發展能力的需求。

力量來源：很講信用，很負責任，他們的能力、力量來自於貫徹目標的決心，他們會激起群眾的熱情，當然他們自己是帶領熱情的人。

理想目標：希望對社會有所貢獻，也希望被肯定，能得到群眾的愛戴及尊敬，他們運籌帷握，他們的肩膀有力，很能扛事情。

做事動機：想要堅強、獨立自主、依照自己的能力做事情，建設前不惜先破壞，帶領大家走向公平、正義。

人際關係：不願被人控制，具有一定的支配力，他們很有當領袖的潛力去帶領大家，有時候會對人有點攻擊性，讓人感到壓力。

常用詞彙：喂，你……我告訴你，為什麼不能？看我的，跟我走。

生活風格：愛命令，說話大聲，有威嚴，有報復心理，愛辯論，靠意志來掌管生活。

自我要求：如果我堅強及能夠控制自己的處境，就好了。

順境表現：英雄人物，勇敢寬大，有自信，是天生領袖，對人有啟發及鼓舞的作用，令人尊敬。

逆境表現：殘暴，極具攻擊性，沒有同情心，欺凌弱者，自大，復仇心重。

不能處理逆境時出現的特徵：反社會型性格。

處理感情：恐懼被人控制或駕馭，與人親密（信任及關懷令人脆弱），對他人防衛性強，不讓他人接近，強化外殼，防止受傷。

令人舒服的地方：賞罰分明，受保護。

令人不舒服的地方：做得好未必稱讚，做得不好肯定罵。

身體語言：手指指，教導式，大動作；七情上面，多變化；聲如洪鐘。

剝削導向；貪欲、色欲、權欲、財欲、懲罰性；支配性；感覺遲鈍；憤世嫉俗。侵略反叛：可以有權力全權安排，也可指揮他人，他們的動力較強，有時會給人侵略之感，很有爭勝及控制的欲望。

▶ 二、工作中的特徵：掌控一切

座右銘：誓不低頭。

深層恐懼：屈服於人。

典型衝突：霸道、強權，沒有中間位。

深層渴望：控制掌握一切。

基本困思：我若沒有權力，就沒有人會愛我。

管理方式：極權，一言堂堂主。

工作優點：貫徹、勇敢、真誠、公平。

工作缺點：干預性強，控制欲強。

適宜的工作環境：可建立王國，有競爭及伸展的機會。

不適宜的工作環境：與人分享權力。

8號警鐘：執著地追求自給自足；認為自己不需要任何人；獨立才是最好的自保，與世界對抗；不喜歡聽命於人，寧願冒險創業；必須掌握環境，競爭等於占上風。

時間管理：控制時間；解救方案；壓力之下8號眼光容易收窄，提醒他們留意大前提及不斷評估；讓他們知道團體力量遠超個人力量，給予他時間去招募別人加入工作。

常見問題：霸王，強勢欺人。

解救方法：讓他知道尊重是一條雙向路，令他明白他的強勢使人不敢說出真相。

▶ 三、工作中的描述：樂觀堅強，吃苦耐勞

很樂觀堅強、吃苦耐勞，覺得天下無難事。

喜歡享受挑戰及成功的高峰經驗。

一向主張君子之交淡如水。

喜歡學很多東西，為了幫助自己，常常一頭栽進去學習。

跟人相處總是以事為主，有事時全力以赴，沒事時就不見人影。

看起來很外向，事實不然，害羞而且不喜歡客套。

覺得自己不很聰明，但也並不笨，踏踏實實走出自己的腳步。

很踏實，也很努力，可以擔當很多事情，同時也會把事情擺平。

自己會的事情，喜歡教導別人，幫別人拿主意，做決定，甚至幫別人做。

在陌生及不熟悉的環境中，總是服務別人來掩蓋自己的不自然。

一向樂觀，沒哪件事能難得倒自己，因為不會就學嘛，學了就會了。

相信優勝劣敗、適者生存的道理。

為了自己的理想，願意付出比較多的代價，不吝嗇。

很會反省，知錯能改，但由於執著於好強，周圍人還是感覺到有壓力。

遇強則強，遇弱則弱，愈挫愈勇。

只要不太過分，全能包容，但周圍的人太過分，他就會使其非常難堪了。

▶ 四、工作中的情緒：忍耐力較差

喜歡效率，不喜歡瑣碎。

討厭社會上的不公平，人際交往的不平等，討厭既得利益者。

不怕挑戰、講理，夠義氣才重要，不高興就放馬過來。

一向有話直說，最討厭那些拐彎抹角又客套半天的人。

很相信自己的決心和毅力，但忍耐力卻差一些，常常會暴怒。

希望說話直指重點，乾淨俐落，讓人沒有反駁的空間。

不喜歡把時間用在沒有任何目的及結果的場合。

樂觀進取，自信滿滿，從不懷疑自己貫徹意志的能力。

認為天下無難事，一有事情發生，立刻想方法解決。

不讓自己生活中有空白，只要有事做，立刻全身充滿活力。

很不喜歡求人，常培養自己的能力，使自己一直是求人不如求己的個性。

不喜歡拖泥帶水，任何事情喜歡明快、乾淨俐落。

愛幫助別人，但常使別人感到是強迫性的幫助。

為追求正義和真理，喜歡與人發生衝突，卻讓別人誤以為很權威、很凶、很欺壓人。

當浸泡在自己工作及能力的領域時，周圍人會感覺他像冷酷無情的人。

發起脾氣來，很嚇人，會讓周圍人害怕，並有惹不起的感覺。

▶ 五、屬於支配環境的類型

8 號支配環境，9 號忽視環境，1 號則試圖完善環境。8 號是 9 種類型裡面最具公開攻擊性的人格，他們與自己的本能衝動建立了一種強而

有力的聯繫，這使他們有旺盛的精力和強烈的渴望，以有意義的方式影響世界。8號喜歡表現自己，對權力和支配環境產生一種強烈的自信心。

1. 健康狀態下

　　掌握自己的行為情緒，不支配別人，知道問題的現實性。能看到別人看不到的地方，很有建設性。喜歡挑戰，有困難時最能施展，有活力，能把怒火放開，無恐懼。值得人信任，欺騙是他不能忍受的。能把恰當的壓力放在他人身上幫別人成長，是天生的領袖。能把自己的理想傳給別人，心態樂觀，對生命積極，能直接和他人來往，使人感到安全。被視為英雄人物，讓人尊敬。

2. 一般狀態下

　　能做許多事，很有支配欲，不斷在爭戰中。自我形象最高，很了不起。用許多活力保護自己不被周圍的不公平壓倒，經常逃避柔弱。常命令別人做事：「我告訴你，你該如何做，要怎麼做。」認為權力最重要，很能在團體中找到權力。

3. 不健康狀態下

　　具有攻擊性及破壞性，過分自我膨脹，無法認同別人，操縱他人。自始至終都要反對，喜好對抗，以好戰為榮。很有權威，不碰柔弱面，8號男性不讓女性出面，8號女性則經常顯示強悍。無法看到現實裡不全是只有公平與不公平，比較需要有較多肯定。拒絕傾聽，不願他人占便宜，把別人負擔放在自己身上，容易視他人為弱者，常會為了保護弱者做出打抱不平的事，欺壓另一方。

▶ 案例分享

　　他們是憤怒的公牛，是優秀的鬥士，願意為弱小的人提供保護傘，習慣去尋找那些該受處罰的人，把復仇心理看成是執行正義。測試他人權力的方法是攻擊他人的弱點，看對方有什麼反應，會透過類似打架這種正面衝突，來考驗對方的動機。

勇於使用能力強的下屬

　　S 的下屬總是有這樣的困擾，不敢在 S 面前表現出自己的能力。S 經常命令下屬做事，但是完全不和下屬商量，下屬想要讓 S 聽聽自己的意見，那更是難上加難。一次，S 開發了一套新的理財專案，雖然有下屬表示這個專案可能存在漏洞，但是 S 仍然要求下屬執行。

　　如果客戶頻繁轉手的話，可能導致公司無法獲得收益。員工 J 在推廣專案的時候，向客戶介紹說，本產品 3 個月內不能轉手，並將其寫入合約當中。一個季度下來，由於限制轉手的設定，員工 J 的業績是團隊中最差的，S 忙於其他管理事務，並沒有關注員工 J 定下的附屬條款。事實上，在 S 任職的幾年內，幾乎沒有下屬勇於抗命，當發現員工 J 的業績較差時，S 還準備幫助他提高業績。但當他知道員工 J 的附屬條款後，S 將員工 J 大罵了一頓：「我不是因為你的業績差而責罵你，而是因為你不服從我的命令。」

　　在半年期的業務總結中，員工 J 雖然談下的業務最少，但卻都有著穩定的回報率，而其他的員工則有所差別，有的甚至出現虧損。即使如此，員工 J 仍然由於一次業務失敗而被辭退了。8 號是相當自立自強的人，他們願意為弱者提供幫助，但是卻拒絕依賴別人，拒絕任用比自己強的下屬。

　　在他們看來，團隊之所以可以取得成功，關鍵性的人物是自己，而不是下屬，只要自己還在，換多少下屬都沒有問題。8 號需要學會任用

比自己強的下屬，在這個人才至上的年代，作為管理者，應該挖掘有能力的下屬，而不是讓自己的下屬在服從命令中將自己隱藏起來。

克制自己的憤怒，給別人留條路

8 號對權力有著極強的控制欲，對於自己的強勢地位也不容褻瀆。一位 8 號中層主管在學習九型人格時，在自述中寫道：「我帶著員工奮鬥在第一線，我知道自己的能力，僅用了 5 年時間，我們在業內已經有了不小的業績。很多人抨擊我，說我熱衷權位。權力當然是我的，我又不是不給員工薪水，事實上，在員工福利上，我做得絕對沒話說。我給的福利讓同行的員工都眼紅。下屬都需要我，我也樂意成為他們的保護傘。」

「但有時候，我覺得很苦惱，因為在公司內部，有員工暗地裡說我侵犯了他們的權利。他們難道不懂，我為他們做了多少事，沒有我，他們怎麼會有這麼好的工作，每個員工進公司時，我都會告訴他們，要麼選擇聽我的，要麼選擇離開。」

「我不喜歡拐彎抹角的管理方式，下屬出錯了、搞小動作、和我作對，我都會直接說出來，我不大顧忌他們的感受。這是我的地盤，我不會讓員工受到不公正的待遇，但也不能讓員工凌駕於我之上。」

8 號需要克制自己的憤怒，因為他們十分易怒；一旦下屬違背了他們的期望和要求，他們就會沮喪；而沮喪被 8 號視為軟弱的情緒，從而演變為憤怒。無論是在什麼場合，不管是一對一的談話，還是公司全體員工的大會上，只要有人讓 8 號不滿，他們就會直接說出來，而不會顧及對方的感受。

8 號的強勢，常常讓下屬覺得無路可退，然而上司與下屬之間的關係同樣屬於人際關係，而在一段和諧的人際關係中，給對方留有後路是十分重要的。雖然在管理權上，8 號有著優勢，但作為個體，每個人都有被尊重的權利。

第二節
如何高效地管理 8 號員工

正如我們剛剛已經看到的，他們認為這個世界完全是一個「自相殘殺」的場所，而他們絕不願自己「被吃掉」。因此，8 號相信，他們必須奮起保護自己，與殘酷的生活現視作頑強的鬥爭，但為此必須壓抑自己的多愁善感和妥協軟弱。

▶ 一、8 號存在的問題

1. 具有攻擊性

本能三元組共同的問題，就是攻擊性，自我發展不良。9 號會將衝動完全壓抑，1 號會將之昇華為理想，而 8 號則完全將其表現出來。8 號要控制環境，9 號忽視環境。尤有甚者，藉由壓抑的保護作用，對自己的行為後果不再有焦慮感。

2. 固執的追求正義

8 號固執於追求正義。他們認為糾正不義的行為是自己的使命，喜歡批評別人，對於不同的意見則充耳不聞。造成不必要的紛爭，使周遭的人感到害怕。認為向別人示弱，就會受到別人的攻擊。他們有嚴厲正義的標準，精力常用於檢舉不義之事。

3. 追求激烈的競爭

喜歡競爭，追求更加激烈的競爭，並努力讓自己強大，成為勝者。3 號成就型同樣是天生的領導者，但是他們追求的是更好更快地實現目標，而不是在競爭中獲勝。在公司初創的時期，8 號高昂的工作熱情，有利於公司在慘烈的市場競爭中殺出一條血路。

4. 傲慢、態度強硬

痛恨軟弱，無論是自己或別人皆如此，認為軟弱會讓自己無力，處於被動的局面。總是態度強硬地對待周圍任何與自己有關係的人，不準別人依賴。他們敢做敢當，成功的機會也多，常會隨心所欲，變為自以為是的自大狂，然後瞧不起別人。

5. 自我認定標準

有自己認定好的標準，包括對自我能力的認定，如果別人不認同，就會以否定的語言對抗。用智慧及權力掌控周圍環境，表現出個人的氣勢。抓住每一種機會，訓練自己內在的強韌度，讓自己夠強。他們不願承認自己有脆弱無能的一面。

6. 不懂得休息

充沛的精力，渴求堅強，解決問題，奮力地和生活中發生的事交戰，他們捨不得浪費精力，卻反而常常是耗盡精力，弄壞身體而仍然不知休閒、懶散。他們拒絕放手，執著地追求，具有極強的責任感，休息和休閒在他們那裡成了浪費。

▶ 二、管理 8 號員工的方法（圖 10-2）

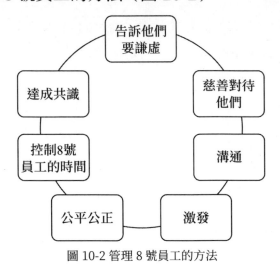

圖 10-2 管理 8 號員工的方法

1. 告訴他們要謙虛

　　領袖型不能接受無能為力，但是承認自己不是萬能，才能學到真正的謙虛。意圖解決問題→停止→傾聽別人→接納別人→以陪伴取代控制。要讓他們了解，只有勇於承認自己弱點的人，才是真正的強者；靠強勢威脅別人，會造成心靈的空虛，成為富有包容力的強者，才更加優秀。

2. 慈悲對待他們

　　跟 8 號相處的祕訣是慈悲心。當然，慈悲是不受自己價值觀的左右，接納並寬容別人。如果父母採取強硬的態度，8 號的孩子也會強力反抗。父母要教導他們，心平氣和地接納別人，對一個人的成長具有非常重要的意義。

3. 跟 8 號員工溝通

與他要有眼神的交流，立場要堅定。千萬不要跟他辯論，如果你跟他辯論，他會認為你輕視他們。8 號不需要別人稱讚，也低估稱讚的重要。鼓勵 8 號是不錯的，提點 8 號收斂他們的強勢，不要自我膨脹。8 號尊重勇於講出真相的人，告訴他們真相。

4. 激發 8 號員工

8 號公正，喜歡被尊重，激發 8 號就要尊重他，講真話，並且一針見血。只有公平競爭才能激發 8 號。8 號跟別人競爭同一職位，有人暗箱操作被他發現了，他說：「這個遊戲我不玩了，不公平怎麼玩？」如果你有 8 號員工，你要及早培養他的領袖能力；培養好了，他會為你創造很多的價值。

8 號遲早有一天會另立門戶。可以讓 8 號去管一家分公司，他一定會替你打理得非常好。如果 8 號是部門經理，他會為手下人爭取利益。有些類型只會想著自己的利益，從來不會維護下屬的利益，而 8 號不會這樣，他的邏輯是：你們跟著我做事，我就不能讓你們吃虧。8 號喜歡擁有自己的地盤，在他的地盤他要用自己的人。8 號一旦認定目標就會竭盡所能，抱著豁出去的態度做到底，不達目標誓不罷休。

5. 員工管理要做到公平、公正

難以容忍不公正、不公平的待遇，一旦團隊中出現不公正的現象，他們會衝在前面帶領大家討回公道。想取得 8 號的尊重與服從，領導者就要做到辦事公道。8 號的人不輕易敬佩一個人，但一旦得到他們的尊重，他們會從心裡欽佩他。在員工管理方面可以適當聽取 8 號人的意見，尊重他們的觀點，取得他們的信任。

6. 控制 8 號員工的時間

8 號連時間也想控制，是名副其實的「拚命三郎」。壓力過大會使 8 號的目光隨之變窄。8 號是英雄人物，是有胸懷的人，但面對逆境的壓力，他的心胸也會變得狹窄。提醒他：你是不是壓力太大了，看得不夠遠呢？8 號一聽立刻就清醒了。但 8 號招募員工的能力和培養員工的能力是天生的，指揮團隊的能力是天生的。他可能沒有什麼太大的能力，但他罵也能把你罵成人才。值得注意的是：8 號容易禍從口出，需要慎言。

7. 與 8 號員工達成共識

與 8 號達成共識，首先立場要堅定，講真話。假如和 8 號合作時，猶猶豫豫的，8 號就會說：「你回去吧，想清楚了再來找我。」你如果立場堅定地說：「我要做這件事，事實是……」那 8 號就會非常爽快地答應下來，甚至立刻拍板，動手就做。果斷，而且肯雙贏。

▶ 案例分享

強勢的時候，需要冷靜下來

R 是一名舞者，有人評價他率真，也有人說他粗野。但 R 完全不在意，說：「我就是一個舞者。」那時候，團長就對他說：「你是個野獸，我喜歡你的狂野。」多年來，R 一直堅持著自己的狂野，他喜歡這種打交道的方式，他認為這正是他的魅力所在。

後來，R 投身廣告業，從攝影機前的舞者轉移到了攝影機之後。每次在拍攝廣告時，攝影棚內聲音最大的無疑就是 R，攝影棚裡的人所要做的唯一一件事情就是服從命令。工作的時候，R 盡量保證一個鏡頭一次結束，不用重複拍攝。

業內都習慣稱 R 為暴君，即使是對待客戶，R 也絲毫不客氣。有一次，一個廣告客戶在攝影棚對 R 說：「這個鏡頭不好。」R 二話沒說就將客戶趕出了攝影棚。

R 認為自己是個理智的人，不到迫不得已，不會發火；聲音很大，只是宣洩情緒而已。R 將行動放在第一位，他不會思考之後再行動。8 號在公司有著很大的強勢地位，他們需要在強勢的時候，先冷靜下來。

別總想著超越你的上司

李某進公司後不久，就憑藉其出色的工作能力進入到管理者的視野。在團隊中，他對隊友很照顧，雖然他還是新人，又得到了老闆的重視，但也沒有將自己特殊化。與他合作過的員工是這樣評價他的：「李某是新人，卻要求我們事事公平對待，不能比我們少做事。」

李某很快升了遷，可他和老闆之間卻出現了很多矛盾。李某很多時候都不顧及老闆的感受，甚至忽視老闆的命令。有一次，老闆的一項決策出現了問題，就讓李某帶著團隊加班，做補救工作，李某卻在會議上直接說道：「這是你的決策錯誤，為什麼要我們加班來補救？」很多次，老闆在會議上作總結時，李某都表現得很不耐煩：「只會說些沒用的。」

李某的下屬也覺得很為難，老闆讓他們加班，李某不讓他們加班，到底聽誰的呢？有時候，李某也會不經過老闆，直接做些決策讓下屬去完成。當下屬問他們要不要先詢問一下老闆的意見時，李某揮揮手說道：「問他幹嘛，我還不知道怎麼做事嗎？」

8 號總是想著超越自己的上司，他們並不是將自己的上司趕下臺，然後取而代之，他們渴望的是控制力，而不是管理上的升級。一旦上司比較強勢，8 號會拒絕成為弱者，而陷入爭鬥，最終關係惡化兩敗俱傷。8 號首先要學會服從，每個管理者相對於下屬都是有特權的，8 號可以對

下屬有所要求，自然上司也可以對 8 號有所要求，這是很顯然的事情。

　　8 號是天生的領導者，他們自信、堅強。他們樂於將事情付諸實踐，樂於在挑戰中得到別人的尊敬，在發揮自己力量的同時，也得到他人的支持。8 號樂於「路見不平，拔刀相助」，當受到傷害的是自己的親朋好友時，8 號會義無反顧地討個公道，他們不會因為對方的強勢而畏懼。8 號本身就是一個強者，他們從小就會成為團隊中的佼佼者，擁有保護弱者的能力。隨著 8 號閱歷、知識的累積，這種能力越來越強。

第三節
在最佳團隊中的角色和配對方法

　　團隊的領導力主要由實幹者、專家和推進者來實現，而每種角色都有一一對應的個性類型。9 種個性是動態變化的，也就是某個個性類型經過自我提升，同樣也可以與相應的團隊角色相匹配，5 號透過自我提升會表現出 8 號的優點。也就是說是團隊角色的推進者可以有兩種個性類型來匹配：一個是 8 號，一個是提升了的 5 號。

▶ 一、8 號在最佳團隊中的角色

　　8 號員工喜歡領導團隊，喜歡投入到大局面、有重大影響力的工作中。8 號喜歡接受混亂、失控的局面，然後享受快速扭轉的過程。當 8 號發現團隊中有才華的人，而且可以充分信任時，他會把大量的自治權給他們，讓他們表現出最佳的自己。

　　無論是什麼類型的團隊風格，8 號都喜歡挑戰團隊去做非同尋常的工作，他們享受高強度的團隊工作，也享受相互依賴、超出期望地完成工作。8 號首先靠願景來領導，其次靠人格魅力來領導。大多數員工也欣賞 8 號表現出來的堅定自信。

　　8 號清除混亂時，也會帶來負面影響。8 號的團隊可能無組織化，主要靠 8 號的感覺刺激。經過太長時間的無組織化，事情可能失去控制。而 8 號在結構上可能會控制過度。8 號可能每件事都控制得很好，之後就會感覺無聊和鬆懈，不積極參加，不經常出現，導致脫離於團隊。

　　8 號參與討論，會激勵其他的員工，帶來積極性，可能帶來更好的結

253

果。8 號也常常保留自己的意見，只有當他們不確定怎麼做的時候才會尋求建議，或者只有與那些他們尊敬的團隊成員討論觀點，才會尋求建議。

8 號喜歡保護他們的團隊成員，這在一定程度上會培養這些團隊成員的忠誠，但久而久之，也會形成不健康的附屬關係。

▶ 二、5 號如何提升來匹配團隊角色推進者（SH）

5 號總是在情感上與他人保持一定的距離。注重對自己隱私的保護，不願被牽扯到別人的生活中。寧願脫離，也不願參與。對自己的義務和他人的需要感到疲憊。喜歡把責任和義務分清楚。不願意接觸其他人和事，也不願去體驗感情。提升後的 5 號，可以成為優秀的決策制定者，表現出 8 號的優點。

▶ 三、5 號提升到 8 號的策略

1. 不要太過吝嗇時間。
2. 讓你身邊的人知道你跟他們是同一戰線，你支持他們的目標，你願意去幫忙。
3. 學會「活在當下」，而非活在知識的海洋中。
4. 看看自己有沒有鄙視別人的成分。
5. 學會聆聽。不要在別人講話時，自己暗想下一步自己怎麼講。
6. 冒險「先」表達自己的立場。
7. 冒險講出自己的想法，別人不能靠靈感去猜想你的想法。
8. 參加一些鼓勵表達自己的活動。
9. 容許自己去感受及體驗一下身體的反應或情緒的波動。
10. 多多接觸和努力投入情感，別人與你不一樣，他們更需要情感的溝通。

▶ 四、針對 5 號提升的練習

1. 練習自我意識

請多加注意自己的這種傾向，即常常透過拋開自己的感受，透過脫離群體來限制自己的情感投入。請每天想想下面的問題，每次用 1 分鐘左右的時間：「我是怎樣限制自己的情感投入的？我透過什麼途徑去忽略自己和他人的感受？當別人向我表達他們的心情時，我有沒有將它當作耳邊風？」

2. 練習採取行動

你應該每天下意識地去練習如何對別人熱情。你應該了解到付出越多就會得到越多。留心自己為了儲存實力而退縮的傾向，一旦發現這種傾向你就應該立即制止自己。注意自己的退縮反應，你可以將這種反應作為一種訊號以免脫離現實和群體。為了檢驗該練習對你的作用，你可以留意一下自己是否更加在意自己的感受，是否更加合群，有沒有出現再次退縮的傾向。

3. 預演練習

在早晨剛醒來時，可以透過幾分鐘的呼吸訓練來集中自己的注意力，然後對自己說：今天我要學會積極投入到周圍發生的事情中；我要學會與他人保持聯繫，並時刻關注自己的感受；我將透過觀察自己的退縮，離群傾向並克制這種傾向來完成以上練習。當你進行此項練習時，你應該持有這樣的態度，即這些預想中的改變對你來說將會變成現實。

4. 回顧練習

晚上，請用幾分鐘的時間去回顧今天所取得的進步。你可以坦誠地問自己：今天我是如何讓自己投入其樂融融的生活中的？為了與別人保

持聯繫，為了關注自己的感受我做了哪些努力？我是如何扭轉退縮、放棄等自我保護傾向的？透過這種回顧，用你今天的收穫去引導明天的行動與思維。

5. 練習反思

對觀察者而言，反思練習至少每週進行一次，反思的內容是觀察者的基本原則和最終的人生目標。觀察者的最終目標是投入其樂融融的生活中，慷慨地付出和接受。當你體驗到這樣一個事實時 —— 即時刻保持與別人的聯繫和關注自己的感受，不僅不會徒然消耗自己的精力，反而是一種對自己的支持，那麼這個最終目標會變得更加容易實現。

▶ 五、8 號的個性突破

一個較為完美的人生規畫，對於一個人有著非常好的引導作用，如果制定得好，還可以造成規範個性發展的作用。安某透過制定人生規畫，較好地實現了性格的良性發展。

安某來到一所有百年歷史的名校，這裡課程非常完善，課程安排也井井有條。可是，這裡有一半以上的課程沒有教材，也沒有固定的授課模式。一切都根據每個學生的具體情況，而制定出教育方法，有點類似孔子「因材施教」的意思。

1. 震懾行動

第一節課是人生規畫，就是把每個學生都視為成年人，都有自己的經歷。根據對每個人的診斷，提出人生規畫的方案。老師給每位學員，發了一張白紙，上面密密麻麻寫了一系列問題：你是誰？你想變成一個什麼樣的人？什麼是成功？你的信仰是什麼？5 年以後，你想成為什麼

人？10 年以後，你想成為什麼人？15 年以後……」

問題事無鉅細，都列了出來，基本涵蓋了人生的主要事件。接下來，老師又發下來一張紙，要求每個人用一張畫，畫出自己的人生經歷。他硬著頭皮，像小學生那樣，胡亂塗鴉。畫幾個小人，代表爸爸、媽媽、自己，畫上房子，表示自己的家，再畫樹、鳥、蟲子……

經過這麼一課，安某才發現，自己根本不了解自己。他身上潛藏著一個真正的「我」，和鏡子裡看到的那個「我」相比較，是那麼陌生。

2. 心靈手術

在人生規畫老師的指引下，安某了解到，人生原來還有這麼豐富的層次，有這麼多的層面：精神層面、經濟層面、政治層面、社會層面、家庭和個人生活層面。

在談論第一個層面，家庭和個人生活時候，安某想都不想，立即回答道：「有一群小孩，子孫滿堂。」

談論起個人的人生目標，安某給自己的定位是：「富有」。不僅僅是經濟方面，更重要的是精神的富有。他希望自己，經濟上衣食無憂，精神上富足，可以充分地吸吮和享受人類的智慧財富。

社會方面，安某希望自己能夠成為一個有影響力的人，來幫助那些需要幫助的人。安某本身來自農村，看到那麼多衣衫襤褸、面有菜色的孩子，看到一雙雙渴望知識、財富、成功的孩子，總忍不住心中一陣刺痛。

政治層面，安某深深覺得不適合「從政」，但願意做一個有智慧的人，希望對政府的改進與提升做些工作。

精神層面，是指哲學高度上的，即「形而上學」，就是對宇宙和世

界的根本看法。在這方面，安某希望自己能悟出一些有關宇宙變化的道理，對「大道」有所感悟吧。

3. 破殼而出

就這樣，在人生規畫老師的指導下，安某終於拿出了自己的第一份人生規畫；後來，經過修正，成為他的人生藍圖。

（1）人生總體目標

當一個社會上成功的人，富有智慧和能力的人，能文能武的人，對國家和社會有貢獻的人。

（2）具體目標

第 1 個五年計畫：拿到碩士和博士學位，當全校最優秀的學生；並能在美國公司工作，能為自己的經濟進行一些累積。

第 2 個五年計畫：當一個受企業界尊敬的人，成為管理界能文能武的管理人才。

第 3 個五年計畫：在實戰方面，有足夠的經歷和能力，成為實戰型管理專家。

第 4 個五年計畫：有一定的積蓄後，開始做一番事業！

第 5 個和第 6 個五年計畫：利用 10 年的時間，幫助企業，培養人才。

第 7 個和第 8 個五年計畫：培養一批成功人士，改善人們的生活品質，並在世界形成一定的影響力。

有了如此清晰、明確的人生目標，如同在人生的大海上，確立了一條航線。剩下的，只需要把穩船舵，向著既定的目標前進。

4. 化蝶飛舞

這個人生規畫可以說是改變安某一生的重要手段，有效激發了他的正能量，規避了性格的缺陷。他 20 多年的人生路程，與人生規畫的路線圖基本是一致的。

儘管他的人生也出現過這樣或那樣的變數，但當他意識到自我偏離了方向的時候，很容易回歸到了「正確路線」上來。在他執行第 5 個年度計畫的時候，他已經創立了屬於自己的公司，立志在全球範圍內為很多的菁英人士和企業提供提升領導力的專業服務。

▶ 案例分享

留不住人才怎麼辦

馬某是 8 號型的主管，他是一個連鎖店的老闆。最近，他一直在為店鋪留不住人而鬧心。他想給自己多一點思考時間，決定徵求一個店長來替他管理店鋪。透過同行朋友介紹，招來了一位新店長，新店長有 5 年的連鎖店店長職位的歷練，但馬某還是擔心店長的能力不夠，事無鉅細都要親自過問。新店長彷彿就像是聾子的耳朵 —— 擺設，感覺自己有點多餘。

不久，店內月銷售業績逐漸下滑。作為店長，銷售團隊沒有業績，新店長開始尋找原因，於是決定對不服從管理的下屬殺雞儆猴，可每次他把申請解聘下屬的檔案遞到馬總手裡時，得到的批覆就這麼一句話：「現在人難招啊，怎麼能隨便把人解聘呢？」

到底是店長能力不夠？還是店鋪薪資待遇不吸引人？或者店鋪缺少親情文化？

馬某管理的錯位：事必躬親

　　造成店鋪陷入銷售人員應徵惡性循環的主要原因在於馬某。作為企業的投資者及最高管理者，其所要管控的是策略、方向及如何融資等問題，不是越級和管理下屬員工，更不能眉毛鬍子一把抓。如果管理者對自身職責不清楚，就會出現管理錯位現象，致使工作秩序混亂，日常工作漏洞百出，無法正常進行。

新店長的失誤：沒有發揮表率作用

　　新店長發現馬總越級管理，曾經想透過整合團隊、殺雞儆猴等方法去改變被動現狀，但此時馬總卻不給他授權。造成這種尷尬的局面，新店長自身也是有原因的。

　　首先，作為店長要了解到自己的角色定位，店長要明白，店員的工作沒有做好就是店長自己的責任。其次，店長要把自己從管理者變為服務者，簡單地說就是與下屬親切地打成一片。再次，店長要用個人魅力來征服下屬。店長的個人魅力：一是要有榜樣意識，發揮表率作用。

　　只有老闆及店長在規範流程、團隊激勵、留人機制、人格魅力和危機化解等管理方面苦練內功，並打造優秀的店鋪企業文化，那麼店鋪的許多經營困惑都將會「真相大白」並「快速解碼」。

第十一章

9 號和平型的辨識和管理方法

第一節
9 號的人格特質

　　9 號是一個媒介者，他們是和平的使者，善於了解每一個人的觀點，卻不知道自己想要什麼。他們喜歡和諧而舒適的生活，喜歡配合他人的安排，不願意製造衝突；不過，如果被施壓，他們會變得很頑固，有時甚至會動怒。9 號是很好的仲裁者，但能專心執行一項很好的計畫，如圖 11-1 所示。

<table>
<tr><td>積極
特徵</td><td>負面
特徵</td></tr>
<tr><td>隨和耐心
樂觀友善
支持他人
群體性強
穩健妥貼</td><td>遲緩拖延
缺乏活力
目標感差
遷就散漫
浪費時間</td></tr>
</table>

圖 11-1 9 號的人格特徵

▶ 一、基本特徵：追求和平相處

欲望特質：追求和平。

基本欲望：失去，分離，被殲滅。

基本恐懼：不能處理事情，沒有理想的成就。

童年背景：和父母的關係很好，認同父母，相信父母愛自己。被人

疏忽我不在意，經常會以「鴕鳥心態」抓住所謂內心的平靜。

性格形成：早年活得愉快而滿足，享受和諧和無憂無慮，總是認同別人，以取得和諧美滿。

力量來源：不喜歡衝突，他們有力量為擺平衝突而盡心盡力，好像有自然的安撫力量，他們最有解決不愉快爭端的能力。

理想目標：大同世界，人與人之間各展所長，不會有怨恨及糾紛，王公貴族或目不識丁的人同樣機會平等。

做事動機：認為只要不爭吵、不衝突，沒有不愉快的事情發生，大家就能和諧相處，幸福美滿，他們會先讓自己保持平穩、平靜。

人際關係：在很多情況，都是和平使者，善解人意，隨和。主見會比較少，寧願配合其他人的安排，當一個很好的支持者，是較被動的。

常用詞彙：隨便啦，隨緣啦；你說呢？讓他去吧；不要那麼認真嘛。

生活風格：愛調和，做事緩慢，易懶惰、壓抑，生活追尋舒服。

自我要求：對世界的要求：如果身邊的人好，就都好了。

順境表現：滿足現狀，自律性強，溫文有禮，樂觀，愛護家人朋友。

不能處理逆境時出現的特徵：心靈怠惰性格。

逆境表現：拖著腳步做人，不去面對問題，盡量避免衝突，性格模糊。

令人舒服的地方：沒有過分的要求，大家各得其所。

令人不舒服的地方：不肯承擔重任。

身體語言：柔軟無力，東歪西倒；很少笑容，木然；彷彿沒有中心思想，聲線低沉。

認知上的怠惰：過度活應，自我放棄；依附機械化的習慣；沒有焦慮。

怕羞怕事：從不試圖突出自己，很容易有躲懶的意欲，喜愛和平，不喜愛辛勞。

▶ 二、工作中的特徵：極為和善

座右銘：無驚無險又是一天。

深層恐懼：怕紛爭、衝突。

典型衝突：消極抵制。

深層渴望：和睦相處。

基本困思：我若不和善，就沒有人會愛我。

管理方式：照本子辦事或走妥協路線。

工作優點：不與人對抗，肯妥協。

工作缺點：不願改變，刻意不合作。

適宜的工作環境：為大前提策劃。

不適宜的工作環境：劇變的環境。

9 號警鐘：隨波逐流；害怕與人衝突，會得罪別人；最後兩敗俱傷，不歡而散。

時間管理：擬訂詳盡的工作計畫；提醒 9 號集中於目前的目標；將大前提分為小目標；人際溝通能加強 9 號的時間觀念；幫助 9 號意識到身邊人的需求，令他投入工作。

常見問題：輕言放棄。

解救方法：鎖緊目標，貼身輔導。

▶ 三、工作中的描述：差不多就好

不喜歡衝突，有什麼好爭的。

猶豫不決，放手一搏的機會不大。

不奉承別人，也不掃別人的興，說話不帶刺，用客套話交朋友。

很尊重長輩，但如果太嚴厲，就懶得理，陶醉在我行我素之中。

做錯事時，會找藉口，原諒自己，使自己好過。

喜歡思考一些問題，只是不說出來罷了。

不喜歡爭名奪利，寧願享受自然就是美，這種境界安全多了。

打打球、爬爬山，汗一出有多舒爽，只是奇怪怎麼還沒有人來約我。

溫和、平穩、冷靜，遇事不著急、不邀功。

對自己要求不高，別人要求他時，他也漫不經心，不會很在乎的樣子。

動作慢，常常拖拖拉拉，也不知在拖拉什麼。

很好說話，但沒主見，無法幫別人拿主意。

很能適應環境，對一切都不太挑剔，一切能過得差不多就好了。

信賴別人，也依賴別人，不給自己和別人訂高標準，目標經常比較低，能做就可以了。

很有排解糾紛的能力，兩邊說好話，有了解雙方的情緒與委屈的能力。

▶ 四、工作中的情緒：平靜自在

只要是不太忌諱的事，生完悶氣就沒事了。

覺得讀書不是最重要的事，隨著自然韻律生活。

對於將來的事不想去思考，變數大多不如享受既有。

為了顧慮別人的感覺高興與否，常忽視自己的需要。

是樂觀的，對任何事都不想太深入，不夠積極，別人會嫌動作太慢。

如果能擁有一個愜意、舒服的空間，讓自己懶在裡面，不知有多好。

每個人的意見都會不同，那有什麼關係，反正我以大家的意見為準。

生命哪有那麼嚴肅？每天悠遊自在，得過且過有什麼不好嗎？

好像永遠沒事，平靜、穩定又隨和，其實有時候心也很亂，也會多愁善感。

▶ 五、屬於溫和的類型

9 號不願受到環境影響，他們已經在自身內部建立了一種平衡。他們不想與外界或他人發生互動，這樣會干擾到他們。他們不想被內心激發的強烈情感所打擾，可以控制本能的衝動，這使他們得以保持內心寧靜溫和的性情。能創造出和平、和諧的環境，可以直接安撫他人。

1. 健康狀態下

強調穩定，想與人保持和諧的現狀。不隨便衝動，很平穩，知道事物的真相，好相處，給別人平衡的感覺，成為人們情緒穩定的中樞。是可以信賴的人，看到人和事的兩面，有力量跟人交往達到平衡。善於和難來往的人交往，常能帶給人自由，客觀，願傾聽。團體的好領導者，在危機中會應變，沒脾氣，很放鬆，能帶給人喜樂，是和平的製造者。能接受人與人坦誠相見，能夠為他人付出。

2. 一般狀態下

追求自律和獨立，渴望自由地追求自己的目標，走自己想走的路。受到阻礙，會貶抑自己。人生取向比較被動，不過仍有足夠的活力和意志力，用在阻撓他人、抵抗和逃避現實等方面。對有關個人成長的書籍、研討會和活動特別著迷，也時常會迷上安慰性而非挑戰性的規範或哲學。

3. 不健康狀態下

壓抑內在所有衝突，把衝突清得乾淨，使自己不受傷。沒有自我察覺，常把自己和外在衝突完全分開，保住自己的穩定。他的活力靠外在的來源，才會啟動。有焦慮不表現出來，好像在傾聽。有一種強迫的幽

默感，不會被情感迷惑，面無表情。很喜歡穩定別人，把周圍的事由大化小，小化無。認同休息，對煩、乏味很困擾，須新鮮刺激的體能活動來幫助提升生命的活力。

▶ 案例分享

他們學會忘記自己，學會知足常樂，學會尋找愛的替代品。他們透過麻醉自己，使內心進入催眠狀態，行為變得自動化，按程式辦事，可能表面上充滿活力，內心卻在沉睡，只有當憤怒累積到一定程度，才會像火山一樣爆發。他們會像鏡子一樣，把全方位的注意力投入到他人身上，把從朋友身上感受到的感覺全部表現出來。當他人的形象從他們身體中離開以後，9號的注意力會重新回到自己身上，他們這才會記起自己的立場。

發出自己的聲音，做出自己的決定

A總是難以做出決定，於是他決定參加九型人格培訓。A在一些個人化或物質化的方面，可以輕易地做出決定，但在涉及大眾化的方面則比較難以抉擇。他不會為自己晚上吃什麼而苦惱，但如果要決定和某人晚上吃什麼，他就會感到困難。

A經營一家規模不大的服務性公司，他和公司裡的員工關係都很好。但A一直對一個員工B很不滿，很久以前A就想解僱他。然而，B與A的一個朋友關係很好，A為了避免朋友不開心，就一直忍著。

A每次在決定前，都要反覆地問自己：「這樣做對不對？會不會對某人造成傷害？以後再做抉擇也沒事吧？」A害怕做出決定，害怕對他人造成傷害，他就將解僱B的事情一直拖著。

後來，A的朋友感到十分尷尬，因為他能明顯感受到兩人的情緒不

對，A 的好人緣在此時也發生了作用，喜歡 A 的員工都對 B 有些排斥，連 A 的朋友也受到了影響。幾年過去了，A 想另外找投資專案時，發現公司竟然找不到合適的接班人，於是只好繼續當他的老闆。

9 號希望大家都好，他們總是避免做出決定，怕陷入對立方引發的衝突。要知道決定總是難以滿足每個人的需要，總有一部分反對者。9 號需要勇敢地做出自己的決定，必須在管理中做出抉擇，對部分員工的利益有所捨棄。避免衝突的發生，照樣破壞了公司的和諧氛圍，他們往往會將決定盡可能地拖延下去。大家好未必是真的好。

內斂，不張揚，最寬容的主管

侯某榮獲獎項的時候，是他第一次登上有聚光燈的舞臺，沒想到侯某居然害羞了，這是他從未展現過的面貌。因為 9 號在面對大眾的時候，都會比較內斂，不太張揚。

曾經有過這麼一個調查，認為侯某是所有公司高層中最寬容的一個。他和員工常進行一種諮商式的交流：「你看看這個怎麼樣啊？你有什麼想法啊？都可以談。」他的為人非常大度，不斤斤計較，發火的時候也不會大聲吼叫。他力求在總部和事業部兩者之間取得平衡。「對侯總而言，辭退一個人總是很難。」對待創業期的「有功之臣」，侯某也是既有原則又重情義：「功勞是過去的，不能帶到以後，老員工當然也應有一個妥善的安排，使他們能夠在合適的職位上，這點很重要。」

9 號的人極具嘗試的心態，侯某也幾乎沒有落下過任何一個新專案。當然，雖然對任何事物都有嘗試的心態，但 9 號管理的公司一般不會大起大落，相對發展會比較平穩。

很多市場人員在制定計畫時趨於保守，但侯某對每年的銷售計畫都會仔細閱讀和研究，每次都會把計畫向上做比較大的調整，因為他堅信

通訊市場潛力無窮，規模遠遠超出銷售人員想像。結果，往往是銷售結果比他調整後的任務完成得還要好。

既需要扮白臉，也需要扮黑臉

L 是一家公司公關部門的中層主管，他曾經在副手職位上工作了 3 年。L 總是可以將團隊中的氣氛維護得很好，前任主管根本不用擔心自己發火會對團隊造成什麼影響。前任主管升職後，L 順理成章的成了主管。

L 不想當主管的職位，但既然大家都推薦了自己，L 也就這麼上任了。員工對他評價一直很高。他關心下屬的需要，無論是下屬的報酬，還是事業發展，L 都會努力保證每個員工走上正軌。

L 是一個和善的人，他從來沒有在工作中發過火，甚至很少大聲說話。他是個重視團隊合作的人，即使處於爭論中，L 也會找到對方有理的地方，給予贊同，L 不會嚴格限制下屬的行為，他基本只是找出團隊工作的方向，接下來，就是團隊成員自由發揮的空間了。

L 的性格讓他在公關職位上如魚得水，當公司面臨公關危機時，L 都可以很好地化解衝突。然而，在公司內部，團隊成員卻喜歡與 L 爭辯，因為 L 實在太少給出明確的指示，雖然出現問題並不會遭到責罵，但員工也會因為這些問題而怪罪到 L 頭上。

9 號與他人合作時，習慣擔任紅臉的角色，會有較好的人緣，但缺少管理者應有的威信。當下屬中有 8 號領袖型員工時，9 號往往會被喧賓奪主，失去對團隊的掌控力。9 號要學會正視衝突的發生，團隊運管中必然會發生衝突。有功則賞，有過則罰，團隊的有序運作離不開制度的保障。如果只唱紅臉，不給大棒，團隊成員難免會鬆懈。一旦無法達成共識，團隊成員也會為了一己私利，而不顧團隊利益。

第二節
如何高效地管理 9 號員工

很多人都願意與 9 號做朋友，9 號的友善讓他們很容易被別人接納。9 號善解人意，經常被當做調停者；但隨和的 9 號難以做出決定，只能成為一個旁觀者，以中立的態度面對人和事。9 號希望一切都可以透過和平的手段解決，他們拒絕衝突。

▶ 一、9 號存在的問題

1. 壓抑自我的能力

他們壓抑自我的能力，以致幾乎無法作為獨立個體發揮功能。他們完全不相信自己，活著也只是為了他人，完全就像是生活在一個奇異的幻覺世界中。他們對自我、他人及世界的認知都漸漸失去稜角，沒有什麼東西能煩擾他們。他們變得閒散而平和，脫離了真實世界。

2. 追求平和，逃避衝突

過於逃避努力與衝突，以為堅持己見就等於攻擊性，就會破壞與別人的和諧。害怕捲入更大的情感波濤，以無視攻擊性來解決其攻擊性問題。當他們偶爾不慎表現出攻擊行為時，就乾脆否認自己曾有攻擊行為。9 號所追求到的平和，就某種程度而言，只不過是自己的錯覺而已，是故意的視而不見。

3. 陷入自卑的陷阱

認為自己沒有多大的價值，也不是重要的人物。不愛自己，想從別人身上得到力量。事實上。衝突在改善社會或自己的人際關係上，是不

可或缺的元素，要尊重並引導他們習慣決定帶來的衝突。如此一來，他們才能察覺到白己的價值，避免掉進自卑裡面。

4. 自得其樂，自我陶醉

生活在自得其樂之中，不積極也不想察覺任何需要和感受。生命中沒有躍動，卻非常滿意，怎麼看就怎麼美好。由於寬厚、不記仇，情緒常保持自然、平穩、溫暖及支持別人，常逃避不好的感受。有不好的感受，根本不去觸碰，除非別人太過分。

5. 變成懶惰的心態

每天忙著認同環境、認同別人，沒有發展自己的個性，變成一種懶惰的心態，沒有活力。現實的工作中，很多事情是需要自己爭取的，不是簡單隨和就能夠實現的，9 號追求和諧的個性，導致他們主動性不足，希望別人主動指派任務給他們。

▶ 二、管理 9 號員工的方法（圖 11-2）

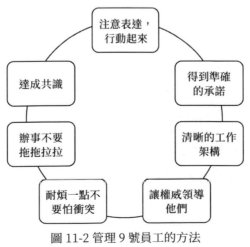

圖 11-2 管理 9 號員工的方法

1. 需要表達，需要行動

需要告訴和平型的員工，不表達意見，別人就不會了解自己，反而會讓別人不安及生氣。懶得想、懶得做→主動想、主動做→相信自己的智慧→別人因而會欣賞你的智慧、行動起來吧。很多時候，不懂得表達，不懂得行動，就會錯失很多機會。

2. 跟 9 號員工溝通

要得到 9 號清晰無誤的承諾，否則，他會裝作不知道。你對 9 號說：「明天 9 點你去做這件事。」9 號說：「好。」這個「好」不代表他會去做。不出所料，果真不見他行動。你再去找他：「昨天我跟你說的事，你怎麼不做呢？」「你跟我說過嗎？」他不跟你衝突，而是裝作不知道。

3. 制定清晰的工作架構

9 號需要很清晰的工作架構，大量的支持和認可。9 號說話慢，你要讓 9 號盡量說得簡潔和直接一點，不要認為他是慢性子，你就壓迫和命令他；否則，他會消極反抗，到時候就不跟你合作。

4. 讓權威人士領導他們

9 號喜歡被權威人士領導，喜歡跟權威人士交流，可以安排權威人士去領導和支持他。9 號慢也好，猶豫也好，逃避也好，這些都不重要，重要的是 9 號很聰明，要學會挖掘和利用他的聰明。9 號從來不說他需要什麼，不過我們可以想辦法把他的需求挖出來：「你想要什麼？你到底想賺多少錢？你的目標到底是什麼？」只要他一講出來，就沒辦法逃避了。

5. 耐煩一點，不要怕衝突

可以把 9 號的大目標化成小目標，然後一個階段一個階段地去要求他，幫助和支持他實現階段性的突破。9 號和 2 號一樣，怕衝突。你要告訴 9 號，有些問題是必須要有衝突才能解決的，如人際衝突就是達到互相了解的必需步驟。不要對 9 號表現不耐煩。如果你一看 9 號說話那麼慢就煩的話，他就會打心裡抗拒你。

6. 辦事不要拖拉

9 號的時間是浮在空中的，也就是他心中永遠沒有什麼大事。9 號比較空靈，有智慧，能夠活在當下。他懂得清空自己，內心很清楚。他心裡沒需求沒欲望。9 號工作的時候喜歡拖拖拉拉，不緊不慢。你要告訴 9 號，大家的工作是一個流水線，如果他沒做到的話，就會耽誤別人，就會影響團隊。你要讓他注意自己的時間觀念，讓他了解到自己是團隊中的一員。

7. 跟 9 號員工達成共識

和他們達成共識，是相對容易的。引導他說出理想、欲望、需求和目標，幫助他堅定決心去實現目標。不然的話，他就會逃避，隨風搖擺，難以達成共識。實際上，他們是在等待，等待你的指示。

▶ 案例分享：

積極引導，不應「被管理」

關於 9 號性格的員工，有人說其工作效率高，有人說其工作效率低，到底怎樣呢？當主管分配給 9 號下屬工作量較為合適時，9 號會分配好其工作，在工作過程中等速前進，直至在要求的時間期限完成其工

作。9 號一定不會像 3 號一樣，要求自己在單位時間（或指定時間）內盡量多地完成工作，以展示自己傲人的效率。

當主管分配給 9 號很多工作，超出其自身可以完成的數量時，9 號會怎樣呢？首先，9 號不會去拒絕，他會平和地答應下來。其次，他會在其上班時間內，完成相應的工作量，如 2 件工作（他力所能及可以完成的數量）。注意，他一定不會像 3 號一樣拚命地盡量多地去完成。然後，在下班後準時離開公司，並將手機關機，這是一種逃避衝突的表現。

9 號為什麼這樣做呢？因為他的思維過程是：如果我要加班，那我回家的時間就會很晚；吃飯推遲了，那今晚的電視劇就錯過了；更重要的是，我今晚會睡得很晚，休息時間縮短，最終導致明天我工作時沒有精神、缺乏精力。

第二天一大早，9 號會主動找到主管承認錯誤。9 號那種向主管承認錯誤的姿態、神態和感覺，只會讓主管覺得「有氣撒不出」，甚至有些無奈。時間長了，這個主管心想，還是少給這個 9 號下屬少派一些工作，與其交給他完不成，不如交給其他員工吧 —— 9 號的主管就這樣「被管理」了。

允許爭吵，才能激發創意

A 在一家生產企業工作了 5 年。老闆是個 3 號型的人，在他的領導下，公司競爭十分激烈，大家都為了老闆層出不窮的目標而拚命努力著。後來老闆跳槽到另一家企業去了，副總成了老闆，這位老闆是典型的 9 號型的人，他對下屬實在是太好了。

半年過去了，企業就像一個大家庭一樣，大家都在一種和諧的氣氛下，開心地一起工作。因為老闆不重視業績，他們感到前所未有的輕鬆。可是，老闆不重視業績，企業缺乏一個合理的評估系統，提成、獎金等問題慢慢地就凸顯了出來。

　　老闆對團隊合作有著極高的要求，老闆希望他們放棄一切個人化的東西，完全將自己融入團隊中，老闆努力讓他們融合為一個整體，而不讓他們相互競爭。這樣，慢慢地大家都感到失望，無法因為自己的奮鬥拿到更多的回報，甚至這種奮鬥都不是被允許的，很多人開始應付差事。

　　這時候，A 開始懷念 3 號老闆了，在他的領導下，雖然很累，但能夠為目標的實現感到興奮，也能夠在老闆層出不窮的目標中，冒出各式各樣的創意。而這一切，在 9 號主管的管理下，都是不可能的。

　　9 號領導手下時，員工常常顯得溫和聽話。員工必須能夠做出自我犧牲，能夠認同團隊利益。他們追求和諧的領導風格，被看做推行決策的手段。9 號要允許有爭吵，爭吵並不是壞事，相反，團隊成員如果能夠有理有據的爭執，必然可以得出一個合理的結果，而且可以從中得到一個新的創意或靈感。

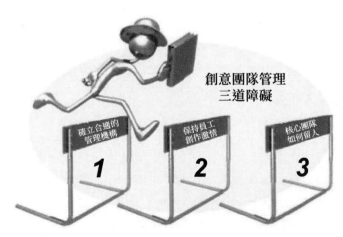

什麼時候都不能隨便來

　　身為員工的李某非常苦惱，他絞盡腦汁去「討好」上司，結果毫無效果。會議上，上司無視他的意見。公司裡迅速傳播著有關李某的惡意

流言。明知道這些都是上司散播的，但是他抓不到證據。更可怕的是，每年的考核評定，上司總是對李某說同樣的話 ——「我想你應該再找另一份工作了吧。」

不要以為 9 號是和平型的人，就以為什麼也可以隨便來。9 號與 8 號、1 號都是性格智慧區在腹區的人，他們憑本能做事，心中會有一些標準，只要其他人觸犯了這些標準，他們就會產生不信任，自我保護的方式是要求他人達到這個標準，但如果他人觸犯了其最核心的幾個標準（底線），他就會想方設法讓這個人離開，這是其自我保護時最嚴重的行為。

當李某觸犯了 9 號上司的底線，竭盡所能，累到透支，他還是無法改變上司的態度。李某的上級一直對其存在著一種態度，這種態度可以稱為「不信任」，而信任恰恰是做好工作的基礎保證，是什麼導致上級對李某的不信任呢，仍然是自我保護。李某很可能在矛盾前的某些事上觸到了上級最底線的標準，使其對自己產生了嚴重的無法挽回的不信任。

可以看出，他對員工的標準不是公司的，而是個人的，他也並不同當事人進行必要的溝通，而是採取了不正當的行為。「上級」是不合格的上級，這個上級對經理的角色沒有基本的理解。

和諧為王，是 9 號的典型特點，但他們重視合作，對團隊成員都十分友善，這是 9 號在公司管理中的最大優勢。9 號員工不像 3 號成就型、8 號領袖型那樣，能夠成為天生的領導者；但 9 號有著其他人格類型所不具備的特質，他們是天生的團隊參與者，對於團隊合作致勝的公司來說，9 號有著無與倫比的優勢；他們會努力實現團隊勝利，他們是團隊成員最堅定的支持者。

第三節
在最佳團隊中的角色和配對方法

適合團隊的執行力的角色有完美者、監督者與凝聚者。與完美者相匹配的個性有 1 號與提升了的 4 號，與監督者相匹配的個性有 6 號與提升了的 3 號，與凝聚者相匹配的個性有 9 號或提升了的 6 號。

▶ 一、9 號在最佳團隊中的角色

9 號不喜歡複雜、高度結構化的團隊氣氛，他們認為這樣太費力，太死板。9 號喜歡可以預見、常規的工作流程，喜歡清晰定義團隊流程，讓團隊成員知道他們的期望是什麼，提供適當的支持以完成工作，將潛在的分歧最小化。

9 號隨和的脾氣和一視同仁的人際方式對團隊的士氣和快樂有所貢獻。團隊成員可以舒服地向 9 號說出自己的觀點，無論是在一對一的交談中，還是在團隊會議中。9 號更傾向於協調，而不是權威，9 號更傾向於利用別人的主意，確保每個人的觀點都得到關注。

相對於組織架構，9 號更依賴流程，這也可能成為他們的缺點。團隊問題透過改變企業結構很容易解決問題，而改變組織運作的流程就不那麼容易。當一個團隊需要更多的協調性的時候，重新設計團隊結構，遠比開發詳盡的溝通渠道更有效果。

9 號的協調方式在很多情境中會很有效果，但可能在一些情境中成為障礙。當要求快速行動時，當必須採取強硬立場時，當分歧不能透過溝通來解決時，儘管 9 號也能堅持把自己投入到這些情境中，但是這樣

做經常讓他們感到很有壓力。

9 號經常把注意力放在細枝末節上，而不是大的方向上。因為他們更傾向於透過目標和共同使命來完善團隊，也許未能清楚地表達團隊願景和需要採取的策略方式。9 號透過校準共同目標來建立通力合作、有凝聚力的團隊。他們希望團隊裡每個人都能為團隊的工作以及和諧做出貢獻。

▶ 二、6 號如何提升到 9 號來匹配團隊角色凝聚者

6 號用懷疑的目光看待一切，因為懷疑而害怕、疲憊；用思考代替行動，在採取行動的時候，猶豫不決；害怕受到攻擊；對失敗的原因非常敏感；反對獨裁；願意自我犧牲，而且非常忠誠；提升後的 6 號會表現出 9 號的優點。

1. 6 號提升到 9 號的策略

1. 多運動，將精神由腦袋轉移到身體，這樣便不會太「上腦」。

2. 不要單做「智慧」的成長，「身體」的成長也同樣重要。

3. 多用想像力於生命的環節上：如幻想自己身處令人開心的地方及處境。

4. 聽取朋友的意見和回應。

5. 抽出一些時間去回憶自己過去的成就及欣賞自己的能力。

6. 多練習對人的信任，及對事有信心。

7. 接受自己的疑惑及矛盾心。

8. 留心自己幾時將思想代替了行動，相信自己內心的強烈感覺。

9. 警惕自己放棄權力，多練習運用自己的權力。

10. 當與人爭辯時，問自己：「我為何在爭辯？是否刻意地反駁當權者？別人講的是否有理？」

2. 6 號提升到 9 號的練習

（1）練習自我意識

請仔細注意一下自己在最壞的打算上投入了多少注意力和精力。請每天想想下面的問題，每次用 1 分鐘左右的時間：「我得出什麼樣的相反或危險的結論？什麼東西在威脅我？我是怎樣表現出機警、謹慎、小心或有挑戰性的？目前困擾我的是什麼？什麼東西讓我產生了懷疑？」

（2）練習採取行動

懷疑論者常常懷疑一切，而且他們害怕最壞的結果，因為他們對自己和別人缺乏信任。面對那些看似危險的事物，不要逃避它們，也不要挑戰它們。當你出現擔心、焦慮、害怕、緊張、激動或具有挑逗性的情緒時，你可以透過深呼吸來集中自己的注意力。接著，將你的注意力投入到行動中，同時提醒自己只有實際行動才能消除恐懼。為了檢驗該練習對你的作用，請你留意一下自己在消除恐懼或反覆驗證自己的行動方案之前是否採取了恰當的行動。

（3）預演練習

在早晨剛醒來時，你可以透過幾分鐘的呼吸訓練來集中自己的注意力，然後對自己說：今天我要學會對自己的行動充滿信心，我要學會去相信別人，我要做到像別人那樣相信自己和他人。為了達到這個目標，我會在求證行動方案是否確定之前採取行動，而且我會相信自己的能力和才略。當你進行此項練習時，你應該持有這樣的態度，即這些預想中的改變對你來說將會變成現實。

(4) 回顧練習

晚上，請你用幾分鐘的時間去回顧今天所取得的進步。你可以坦誠地問自己：今天我在信任自己和相信別人方面做得如何？在消除恐懼或求證行動方案的確定性之前，我是透過什麼方法使自己投入到行動中的？在保持對積極事務的關注方面我做得如何？透過這種回顧，用你今天的收穫去引導明天的行動與思維。

(5) 練習反思

對 6 號而言，反思練習至少每週進行一次，每次用幾分鐘的時間。6 號忽略的和需要恢復的是：最初我們都信任自己、別人，還有整個世界。因此，6 號的最終目標是信任自己和別人。只要你能夠注意到自己的懷疑與恐懼並使之平靜下來，只要你能夠排除疑惑勇往直前，只要你能夠接受生活中存在不確定性這個事實，那麼這個最終目標會變得更加容易實現。

企業發展與團隊建設並重。

柳某是名 9 號企業家，與人平等的觀念深深地存在他的骨子裡。在一次參加訪談節目時，主持人說到「新鞋舊鞋」，柳某伸出自己的腳，打趣地說：「這可不是我最好的鞋，早知道今天要比鞋，我就把最好的鞋穿出來了。」任誰也看不出來，這是一個擁有如此大企業的企業家。在他身上你看不到任何一點傲慢、架子。

在九型人格中，柳某是典型的 9 號性格。不與人對抗，肯妥協，顧大局。內心平和時，自律性強，溫文有禮，樂觀，愛護家人和朋友。柳某充分發揮了自身盡量避免衝突的性格特點，加強了團隊合作。他把自己的目標傳達給團隊，又讓團隊有足夠的自我發揮的空間。當面對來自外部環境的直接影響時，柳某不斷加強企業自身的免疫力，使得企業一天比一天壯大。

「假定我們把總經理視為企業組織的領導人物，那麼團隊則是企業的核心堡壘。建好這個堡壘，就要求我們的人才具有很強的協調能力」。當柳某提出「搭團隊、定策略、帶隊伍」的管理理念時，很多人認為他的經營管理方式不可能把一家企業做大。若干年後，柳某領導的企業順利成為全球數一數二的大企業，他也成為該產業的教父級人物，他的「搭團隊、定策略、帶隊伍」的管理理念才被越來越多的企業家所重視。

柳某的企業目標定位是把它打造成一家基業長青的百年老店。而要實現這一目標，「一個人與別人比，比人家弱，合在一起就比較強」，所以他也曾多次強調，只有打造一支「團結、堅強的領導團隊」，才能讓企業走得更遠和更久。

柳某把建設「管理團隊」作為最重要的使命。他在辦公大樓重新選了一間辦公室，把可塑性很好的人才包括一線業務部門的總經理、職能管理部門的總經理等全部集中到了一起，並取名為「總裁辦公室」。這是建設「管理團隊」的第一步，他認為無論是業務經理還是銷售經理，不可能擁有同樣的脾氣秉性和價值觀，只有將他們組織在一起並逐步融合，才能形成一支團結、堅強的「管理團隊」，才能讓企業得到更好的發展。總裁辦公室的這些人每天主要的職責是對一些決策專案進行討論，並不斷地尋找問題、分析原因、總結經驗，從而訓練了他們搭團隊、協調作戰的能力。

就這樣，柳某憑藉自己卓越的眼光和超人的智慧，磨練並打造出了一支堅強的管理團隊。

柳某說：「白己再怎麼能幹，也比不上大家加在一起能幹。集體的智慧絕對是重要的。」這也是柳某之所以在「搭團隊、定策略、帶隊伍」的管理理念中將搭團隊排在首位的原因。不論在什麼情況下，管理團隊永

遠是他的首要條件。對於企業來說，很多管理者崇尚「獨大」的管理理念，但如果你想創辦一家長青企業、打造百年基業，就要建立一支優秀的管理團隊來克服由於個人領導可能帶來的弊端。

柳某說：「我說要辦一個長期的、有規模的企業，絕對不是一句空話。為了達到這個目標，我目前只從制度規範化上，從人員上，從團隊上進行準備，企業現在不是在培養一個人，而是在培養一層人，要讓企業離開了我，還絕對能轉。我相信，我這樣做的時候，當企業對我的依賴越來越小的時候，我依然能夠得到大家發自內心的尊重。」

從企業建立團隊發展的例子來看，一個不爭的事實是，制約企業發展的一個瓶頸就是管理不夠。主要展現在以下幾方面：一是民營企業本身的特殊性先天決定管理團隊不足。民營企業在誕生之初就注定沒有優秀的管理團隊，在發展環境中處於劣勢。二是民營企業老闆自身問題無法帶出優秀的管理團隊。大多民營企業的老闆沒有學過管理，自己又沒有擔任過管理者甚至連工人都沒做過，只能在實踐中摸索，這樣就很難帶出優秀的管理團隊。三是民營企業人才流失嚴重，培養管理層信念不足。由於員工流動頻繁，擔心人才成為競爭對手，使企業家培養管理團隊的信念不足。四是嚴重的過客思想影響了管理團隊建設的步伐。民營企業的老闆本身具有過客思想，認為企業就是為了快速賺錢，因此無法培養好的管理團隊。

團隊管理的實踐啟示我們，由於種種原因形成的管理團隊的障礙，中小企業便難以找到可以委託重任的管理層；在組建和發展團隊的過程中，先天不足，後天發展不良，成為制約民營企業發展壯大的重要因素之一。而柳某將企業發展與團隊建設同等看重，解決了中小企業必須解決的管理團隊的問題，從而取得了發展的重大突破，非常具有借鑑意義。

後記　跟隨九型人格的指引，快速提升領導力

　　九型人格的圖，也叫九柱圖、九芒星圖，它可以拆分為一個圓圈，一個三角形和一個六邊形，圓圈代表你擁有一切所需的資源去達到性格的整合；三角形則代表天地人三種元素。深入挖掘這幾種力量，你就可以快速了解自己，提升自己的領導能力。

　　傳說九芒星是天堂的所在，人類如果抵達了那裡，就會健康快樂，充滿力量。而九芒星是宇宙中一顆閃爍著九束霞光的星辰，它有人類到達天堂的一把鑰匙。當眾神締造完了人類的那天傍晚，他們聚在一起，商量把這把偉大的鑰匙，究竟藏在哪裡呢？

　　既不能讓人類很輕易地找到，也不能讓人類總也找不到，眾神開始爭論。有的說，把九芒星的鑰匙投入大海，有的說，把九芒星的鑰匙埋入雪山，有的說，乾脆，把九芒星的鑰匙扔到太陽裡面……但眾神一想，物質性的地域，隨著人類的科技發達，總是可以發現並找到的。最後眾神統一了意見，把九芒星的鑰匙種在一個最好找又最不好找的地方，那就是 —— 人類的心田。九型人格是開啟心門的鑰匙，人類只有開啟了心門才能獲得力量。

　　眾神很得意，這個地方，人類無論多麼聰明，是絕對不會想到的地方。當人類搜遍天空和海洋的每一朵雲彩和每一粒水珠，踩踏了地球上每一寸土地還未找到天堂鑰匙的時候，或許他們會低下頭來，檢視並聆聽自己的心靈，尋找天堂的鑰匙。除此之外，再無可能。九型人格是了解自己的鑰匙，離開了它人類就會迷失自己。

　　在每個人的星空中，都有一顆九芒星。在每一顆九芒星的上面，都

建有一座快樂的天堂。在每一座天堂的牆壁上，都鑲著一扇需要開啟的門。在每個人的心中，都藏著一把九芒星的鑰匙。現在請你開始尋找你的九芒星鑰匙吧！找到了，快樂和力量就像瀑布一樣，從此充滿了你的血脈，快樂與力量將會與你同在。你將悅納自己並且領悟到與他人和諧、與自己和諧的快樂與力量。

　　沿著九型人格心靈的道路深入，都能通往內在的神性，都能發現內在的偉大。已經步入九型人格學習的人們，請你繼續深入，不要停留在表面的行為上，繼續探索我們內在的祕密；除了悅納自己，還要不斷提升自已的修為與領導力，這才是九型人格作為越來越盛行的管理工具的意義所在。

附錄一　九型人格層級表

　　「九型人格發展層級」（Levels of Development）或叫「九型人格健康層次」是唐・里索（Don Richard Riso）和拉斯・赫德森（Russ Hudson）老師經過多年研究的成果。每個型號的人，都有 1 至 9 種發展的層級，其中前 3 個層級是健康狀態，中間 3 個層級是一般狀態，後面 3 個層級是不健康的狀態，也就是說處於發展的第 1 層級最健康，處於發展的第 9 層層級最不健康。

- 第 1 層級：解放的層級，透過對抗和克服基本恐懼，個體走向自我超越，實現本質性的自我狀態。
- 第 2 層級：心理能力的層級，個體屈從於基本的恐懼，某種基本欲望會在這個層級出現。
- 第 3 層級：社會價值的層級，與屈從於恐懼和欲望相對應，個體的自我變得更加積極主動，產生出某種典型人格及其社會特質和人際特質。
- 第 4 層級：失衡的層級，個體屈從於一種特定氣質，這一氣質與他自身的優點和發展背道而馳，結果導致自我膨脹，防禦機制增強，失衡也隨之而生。
- 第 5 層級：人際控制的層級，隨著個體試圖以特定的方式控制環境，自我變得急遽膨脹。
- 第 6 層級：過度補償的層級，個體開始過度補償，由於自我的日益膨脹以及失敗所帶來的衝突和焦慮，以得到他所需要的東西。
- 第 7 層級：侵害的層級，經歷了人生中的重大危機，或者是成長在一個濫用某些東西的環境裡，他們的防禦便開始瓦解，出現嚴重的反應。

■ 第 8 層級：妄想和強迫的層級，隨著焦慮感的增加，出現了真正嚴重的內心衝突，而個體總是試圖重塑現實而不是屈從於焦慮。

■ 第 9 層級：病態性破壞的層級，這是最後一個層級的心理狀態，人們在這種狀態中開始公開表現出破壞行為。

發展層級告訴我們，每個類型都有 9 個發展層級，所以，某個類型的人不一定都會有固定化的行為。從層級 1 至層級 9，一個人的光明面逐漸變少，黑暗面逐漸增加，逐漸從健康的狀態變成了不健康的狀態。它顯示，每個人都具有各種開放性和新的可能性，無需固化、刻板化，九型人格學習的真正目的是要更加自由地活在當下。

附表 1-1 1 號的 9 種層級表

層級	基本特性	詳細描述
一層	有智慧	對人生充滿希望，接受自己及別人，不再批判，高度自我完善，深信自己是有誠信及善良的
二層	不斷評估、合理	自我形象；理性、客觀、中庸；允許自身的「超我」作生命中的引導，不費力就能秩序井然
三層	有原則、有責任感	自律，目標感強，信念強，忠於自我，言行一致，跟隨良知及理性去生活
四層	努力	害怕別人不認同自己的原則而認真地去說服他們，經常會與人辯駁及指出問題所在
五層	秩序井然	憂慮他人指責自己不追求理想而將生活組織得秩序井然，做事有條理，容易發脾氣及緊張
六層	譏諷	害怕別人破壞自己辛苦建立的秩序及平衡，因別人不認真看待自己的理想而憤恨，自以為是
七層	自以為是	恐懼自己的理想是錯的，為了挽救自我形象會堅持己見，完全不妥協

八層	反復及執著	極力壓抑不理性的欲念，結果失控。一方面做出不應該做的事情，另一方面仍然大義凜然地批判此等行為
九層	批判、懲罰	意識到自己已經失控，正在做一些平時自己最鄙視的事情：為了讓自己回到正軌，會不惜一切扭轉導致自己行為產生偏差

附表 1-2 2 號的 9 種層級表

層級	基本特性	詳細描述
一層	無條件地付出愛	不再否定個人的需求及感受，無條件付出，人生充滿歡樂，活得有品味，做人謙虛
二層	有同情心、關懷他人	用愛心去關注別人的感受，是一個有愛心沒有私心的人
三層	肯支援和付出	慷慨地付出時間與精力，對別人表示欣賞及支持，肯表達感受，與人分享自身的才華
四層	善意地取悅別人	害怕自己因為付出得不夠多，而不被人所喜愛，會用取悅、奉承及支援等技巧去培育關係
五層	占有慾強，干預性強	害怕所愛的人愛別人多過自己而加強所愛之人對自己的依賴，時時刻刻監察著對方的一舉一動
六層	令人吃不消	覺得被占便宜，但不能表達憤怒，轉而訴說自身的健康問題：希望別人稱讚自己的善舉；提醒別人不要虧欠自己；壓抑的感受開始影響身體健康
七層	操控	覺得別人會做出背叛自己的行為而先發制人；將別人描繪為自私自利的人；就算待不到愛，也希望別人可憐自己及依賴自己
八層	威逼利誘	對愛的渴望使自己不顧一切地去追求；認為自己所愛的苦難使自己有資格去索求，因而會不顧顏面地大膽表現
九層	扮演受害者	不能面對自己的自私行為，不願承認曾經傷害自己而徹底崩潰，需要別人的援手才能再次站起來

附錄一　九型人格層級表

附表 1-3 3 號的 9 種層級表

層級	特性	詳細描述
一層	自我引導、貨真價實	不再將自我形象建立在別人的評價之上，找到真正的認同，能夠自我接受、自我坦誠
二層	適應力強、受人仰慕	了解他人的需求並努力迎合，以提升在他人心目中的價值及地位；自我形象：能幹、出眾
三層	有目標感、自我改善	透過自我提昇來改善自我形象，能幹及堅持，表現出色，溝通技巧卓越，成為別人的模範，對人有啟發的作用
四層	向成功邁進	恐懼被人超越而前功盡棄，因此加倍努力，不斷鞭策自己，便自己得以突出
五層	自覺、定捷徑	擔心得不到別人的重視努力營造最佳形象；有野心，但又自我懷疑；希望被人仰慕；不能處理親密關係
六層	自我誇大	認為除非自己有極大的成就，否則不會被認同，所以常誇大自身的成就；喜歡與人競爭；以趾高氣揚來掩飾自己的不足
七層	缺乏原則，欺世瞞人	失敗使他害怕成為別人心目中的騙子，為了自我挽救，不惜自欺欺人；大話連篇，而內心感覺既空虛又沮喪
八層	欺詐、機會主義	不想讓別人知道自己糟糕的情況而想盡辦法掩飾，為了得到別人的注意而編織謊言
九層	不擇手段	認為自己無法贏取重要人物的認同而不再嘗試掌控自己的憤怒；會向心目中的折磨者復仇，同歸於盡

附表 1-4 4 號的 9 種層級表

層級	特性	詳細描述
一層	擁抱生命	不再覺得自己較別人多瑕疵，停止一切以自我為中心的行為，找到真我，不斷更新生命，得到新的啟示
二層	內省、敏感	尊重自身的感受及選擇，自我認同；自我形象；先知先覺、敏感、與眾不同
三層	自我披露、有創意	透過創意來表達個人的特質，能夠含蓄而流暢地探討個人感受並與人分享

四層	浪漫、個人主義	利用幻想及個人風格強調獨特之處,期望得到拯救,透過想像力加強自身的感受
五層	以自我為中心、情緒化	以脆弱形象去吸引「拯救者」害怕自己的獨特得不到認同,而表現得若即若離,精神容易走神,而且不容易顧及他人感受
六層	自我放縱、墮落	恐懼生命的諸多要求會令自己放棄夢想,恐懼不能活出精彩而決定不依條規行事,變得虛假及製造假象事端
七層	充滿仇恨及敵意	恐懼自己浪費生命,為了自救會排擠一切不支援自己感情需求的人和事,經常覺得沮喪、疲憊、提不起勁
八層	自我排擠、憂鬱症	極力想成為幻想中的自我,將一切與幻想不符合者拒之門外
九層	徹底失望、放棄生命	覺得追求沒有價值的幻覺浪費了生命;可能用自殺的行為去吸引「拯救者」,或乾脆了此殘生

附表 1-5 5 號的 9 種層級表

層級	特性	詳細描述
一層	參與生命、有遠見	不再抽離,不再做生命的旁觀者,通達參與證明自身的才幹;頭腦清晰,有嘗試,有愛心
二層	強勁的觀察力及洞悉力	將焦點放在外在環境,有信心應付,發展技能使自己更難幹;自我形象:聰明、好奇、獨立
三層	集中精神、有創意	透過成為某方面的專家來提升自我形象,不喜歡與人比較或競爭,選擇探索新理念,創造有嘗試的理念或藝術品
四層	構思、準備	認為所具備的知識不能在社會立足而缺乏自信,勤奮學習,搜集知識、資源、技能以彌補不足
五層	抽離、若有所思	擔心別人需求會分散自己的注意力而長時間獨處,專注思考和探尋解決問題的不同方法
六層	極端、挑釁	害怕自己創造的小空間被人侵占而主動將人趕走;對別人的自信不以為意,想盡辦法去打擊別人的信念;自己的理念較為含糊,但又會看起不明白自己的人

七層	古怪	恐懼打造不了一片屬於自己的空間，為安全感起見，除了最基本需求之外，進一步自我獨立
八層	迷迷糊糊	自覺無助無望，消極看待人和事，拒絕援手，經常做噩夢即被失眠所困，不能停止或放緩調整的思維活動，無論男女都容易衰老及性冷淡，男性容易陽痿，經常自我確認不自信
九層	徹底的自我否定	不再能夠抵禦痛苦而逃避現實；有時會患上精神分裂症，甚至自殺

附表 1-6 6 號的 9 種層級表

層級	特性	詳細描述
一層	自給自足、充滿勇氣	不再依賴別人，因為找到了內在的指引；品嘗到真正的安全感
二層	值得依賴	尋找支援，提高危機感，對人友善，值得信任，關於建立人際網絡給人穩重的感覺，自我形象：堅如磐石、關心人、可信度高
三層	有承諾、合作性高	創造雙贏書面，與人結盟，勤奮工作，節儉，留意細節，自律性高，能夠預見問題
四層	忠心耿耿	恐懼喪失獨立性，希望自己有更多支援；將本身的資源投資於所屬機構，期望得到相應的支援；缺乏安全感，要求工作上有清晰的步驟及指引
五層	模稜兩可、防衛性強	感覺無法協調生命中各方面的承諾，變得悲觀、被動及多疑，使自己更加優柔寡斷及過度謹慎
六層	優勢欺人、指責他人	害怕失去盟友的支持，對自己沒有信心，有強烈的失敗感，感覺被背叛，指責別人，與人爭權
七層	驚弓之鳥、不可依賴	過度的反應製造了不必要的危機，因而更加不信任自己；容易擔驚受怕、沮喪、無助，希望有人將他們救出苦難
八層	妄想、有攻擊性	過度缺乏安全感，認為自己將無容身之地；對世界完全失去信任，無故攻擊真實及幻想的對手，或是主動去攻擊他心中的對手
九層	自貶、自毀	憎恨自己做了錯事，內疚感導致自我懲罰，使自己蒙羞及徹底破壞一切成就，用自殺形式作為求救信號

附表 1-7 7 號的 9 種層級表

層級	特性	詳細描述
一層	充滿歡樂、知足常樂	不再認為需要某些物件或經驗才能感覺人生無憾,因此更能真正欣賞生命,達到深層滿足
二層	期望、熱誠	因為生命充滿了可能性而感到興奮,自我形象:快樂、即興、外向
三層	腳踏實地(思維敏捷)	樂觀、大膽、實際及多產(思維敏捷),集中精力去做有成果的事情以自我提升,經常因為不能靜下心來,所以錯過了多次能成就事業的機會
四層	物質上的追求	認為自己錯失了最有價值的人生經驗,因此到處尋找機會拓展人生的可能性;經常同時做多項工作,嘗試追上潮流
五層	不能集中注意力	擔心因沉悶或失敗而痛苦,因此不斷增加活動量,盡最大努力使生命刺激;不停地說話、談笑、追尋新玩意,實質上卻不能享受生命及快樂
六層	以自我為中心	不論追求什麼,都會害怕沒有足夠的供應;變得不耐煩,要求即時的滿足;過度浪費,否定任何內疚
七層	貪得無厭、逃避	害怕自己的所作所為帶來痛苦,再驚慌失措不顧一切地找尋解除痛苦的方法,即使是暫時性措施也要去做,就算花錢也要解決
八層	躁鬱傾向,不顧後果	為逃避痛苦失控地追尋活動,在一番激烈(刺激、歡樂)活動之後經常是更嚴重的沮喪和極度不穩定情緒,而又不顧後果設法減輕痛苦
九層	被掩蓋、癱瘓	感覺自己的所作所為徹底地破壞了自己的健康甚至生命,從此可能不再享受歡樂,感覺被困,甚至導致財政也會出現嚴重問題

附表 1-8 8 號的 9 種層級表

層級	特性	詳細描述
一層	忘我、英雄行徑	不再執著於100%掌控環境，放下過度的防衛，大方慷慨，肯原諒人，有勇氣，做別人心目中的英雄
二層	自給自足、茁壯	用自己的精力及能力去達到自我掌控的目標，有豐富的資源，自我形象：自我肯定、直接
三層	自信、領導	接受挑戰，利用行動、成就、保護及照顧別人來證明自己的能力，有建設性，有策略及決斷的能力
四層	實用主義、務實	恐懼沒有足夠的資源去完成任務而精打細算，競爭意識提高，不輕易流露感受
五層	自我炫耀、專橫	害怕得不到別人的尊重，無時無刻都想讓人覺得他們重要，以誇大承諾、吹牛去說服人，一定要「自己做主」
六層	對抗、威嚇	用威脅及壓迫使別人跟隨自己的意願，支援自己；脾氣壞；抗拒性強；極力壓榨別人
七層	不擇手段、暴君	恐懼背叛而盡力捍衛自己的一切，認為法律不能制裁自己，報仇心強，殘暴，弱肉強食
八層	自大狂	害怕被傷害的情結令自己主動攻擊可能的對手，因此樹敵無數，加速自我滅亡
九層	反社會性、破壞	幻覺製造了可以擊敗自己的敵人，在走投無路之際，實行兩敗俱傷的策略，使別人無法駕馭自己，同歸於盡

附表 1-9 9 號的 9 種層級表

層級	特性	詳細描述
一層	不倒翁	不再相信世界不需要他們的參與，自我實現使自己獲得真正的內在平和，發揮潛能
二層	不自覺、平靜	整體環境及人際關係保持和諧及穩定，自我形象：穩定、平易近人、仕慈，樂於助人

三層	不自私	用耐心及理性去化解人際紛爭，使人對生命有積極的看法，自我形象因此提升
四層	埋沒自我、隨波逐流	恐懼生命中的紛爭會破壞自己內心的寧靜，因此成為（YesMan，唯唯諾諾，奴隸般同意上級的人，好好先生、沒問題先生/女士）；由於經常無事可做，因此會跟朋友一起做一些自己根本不想做的事情
五層	自滿	擔憂轉變破壞安寧，因此盡量將生活規律化，跟隨固定的程序習慣行事
六層	退縮	希望大事化小，小事化無；不願面對問題；壓抑憤怒感；害怕別人要求自己而採取應對措施
七層	壓抑	恐懼現實逼自己面對問題而佯裝事事安康，極力抗拒任何轉變失落、低沉、坐立不安
八層	抽離	為了保存僅有的安寧，選擇徹底的抽離；外表麻木、無助，有時有失憶的情況
九層	自我放棄	不能面對現實，躲在自己的世界裡，對外界事物一概不理不睬；進行自我分解，使自己徹底消失

附錄二　九型人格層級圖

九型人格結合 9 個發展層級，會產生各種不同的狀態類型。以下是對 1 至 9 號人格類型在 9 個層級上的描述。

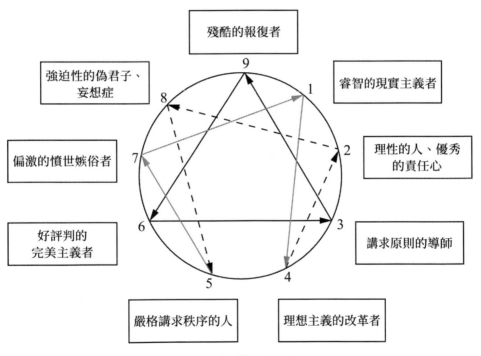

1 號完美型的 9 種層級

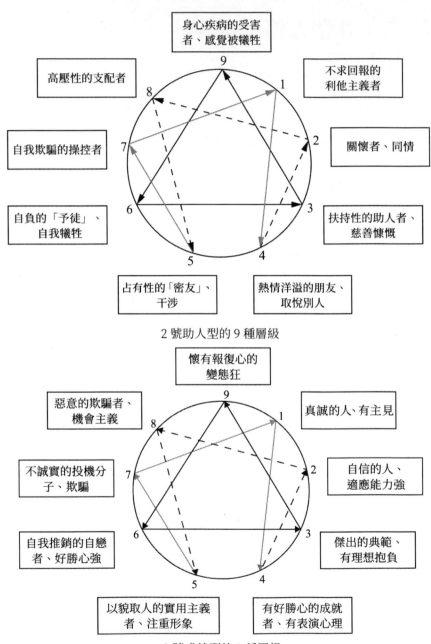

身心疾病的受害
者、感覺被犧牲

高壓性的支配者

不求回報的
利他主義者

自我欺騙的操控者

關懷者、同情

自負的「予徒」、
自我犧牲

扶持性的助人者、
慈善慷慨

占有性的「密友」、
干涉

熱情洋溢的朋友、
取悅別人

2 號助人型的 9 種層級

懷有報復心的
變態狂

惡意的欺騙者、
機會主義

真誠的人、有主見

不誠實的投機分
子、欺騙

自信的人、
適應能力強

自我推銷的自戀
者、好勝心強

傑出的典範、
有理想抱負

以貌取人的實用主義
者、注重形象

有好勝心的成就
者、有表演心理

3 號成就型的 9 種層級

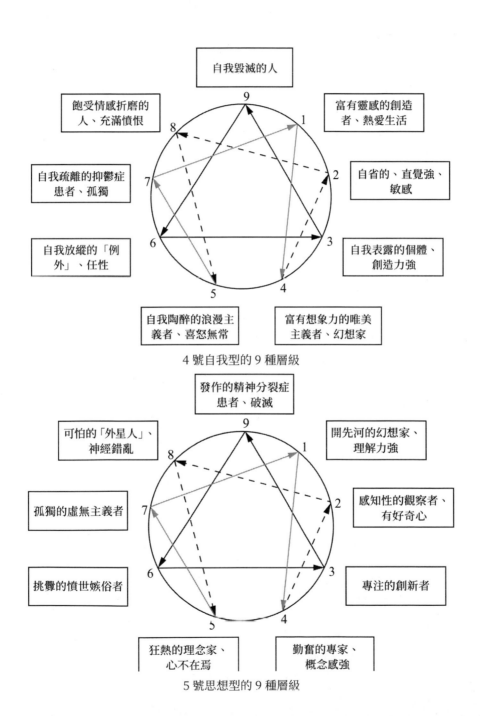

自我毀滅的人

飽受情感折磨的人、充滿憤恨

富有靈感的創造者、熱愛生活

自我疏離的抑鬱症患者、孤獨

自省的、直覺強、敏感

自我放縱的「例外」、任性

自我表露的個體、創造力強

自我陶醉的浪漫主義者、喜怒無常

富有想象力的唯美主義者、幻想家

4 號自我型的 9 種層級

發作的精神分裂症患者、破滅

可怕的「外星人」、神經錯亂

開先河的幻想家、理解力強

孤獨的虛無主義者

感知性的觀察者、有好奇心

挑釁的憤世嫉俗者

專注的創新者

狂熱的理念家、心不在焉

勤奮的專家、概念感強

5 號思想型的 9 種層級

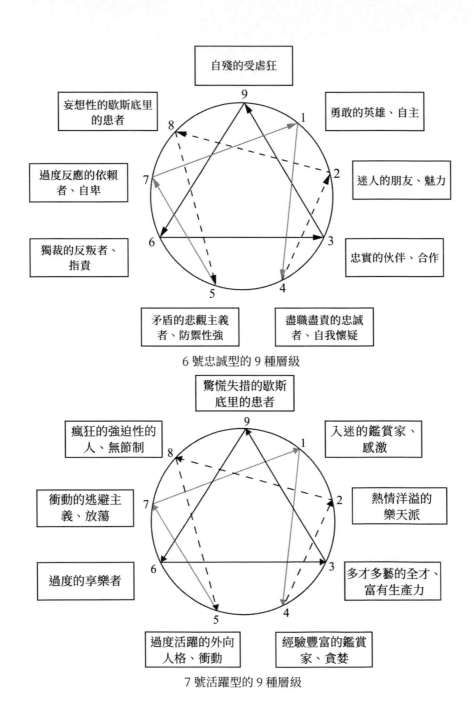

6 號忠誠型的 9 種層級

7 號活躍型的 9 種層級

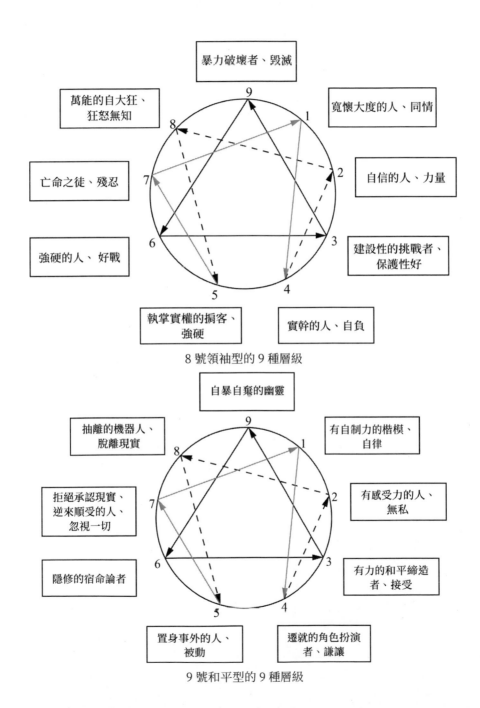

暴力破壞者、毀滅

萬能的自大狂、
狂怒無知

寬懷大度的人、同情

亡命之徒、殘忍

自信的人、力量

強硬的人、好戰

建設性的挑戰者、
保護性好

執掌實權的掮客、
強硬

實幹的人、自負

8 號領袖型的 9 種層級

自暴自棄的幽靈

抽離的機器人、
脫離現實

有自制力的楷模、
自律

拒絕承認現實、
逆來順受的人、
忽視一切

有感受力的人、
無私

隱修的宿命論者

有力的和平締造
者、接受

置身事外的人、
被動

遷就的角色扮演
者、謙讓

9 號和平型的 9 種層級

附錄三　9種層級狀態圖

　　每個型號人格都有 9 個發展層次，具體劃分請見附錄一。以下是對 9 個層級在總體上的描述。

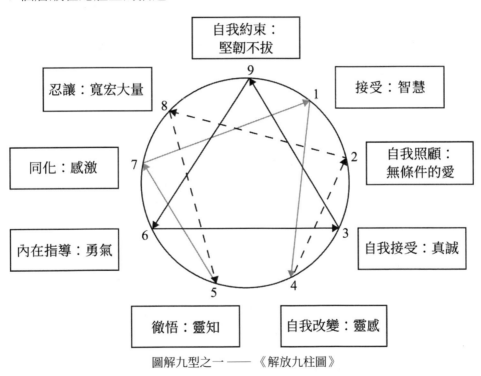

圖解九型之一 ── 《解放九柱圖》

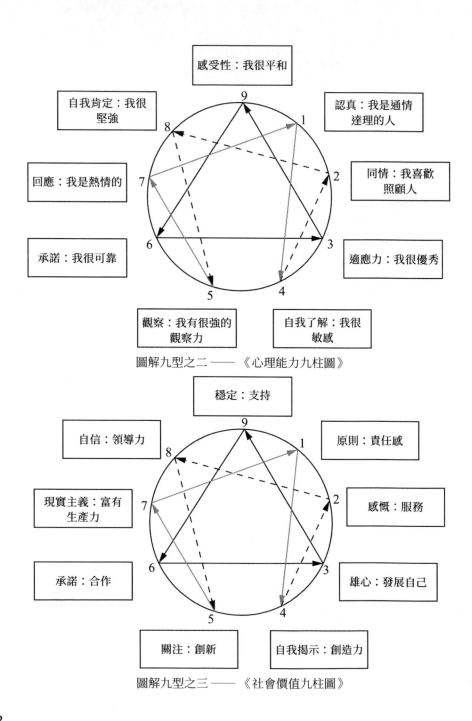

圖解九型之二 ── 《心理能力九柱圖》

圖解九型之三 ── 《社會價值九柱圖》

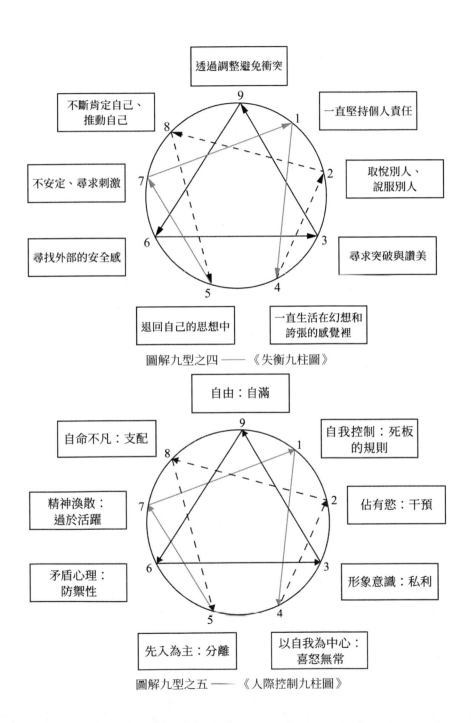

透過調整避免衝突

不斷肯定自己、
推動自己

一直堅持個人責任

取悅別人、
說服別人

不安定、尋求刺激

尋找外部的安全感

尋求突破與讚美

退回自己的思想中

一直生活在幻想和
誇張的感覺裡

圖解九型之四 ——《失衡九柱圖》

自由：自滿

自命不凡：支配

自我控制：死板
的規則

精神渙散：
過於活躍

佔有慾：干預

矛盾心理：
防禦性

形象意識：私利

先入為主：分離

以自我為中心：
喜怒無常

圖解九型之五 ——《人際控制九柱圖》

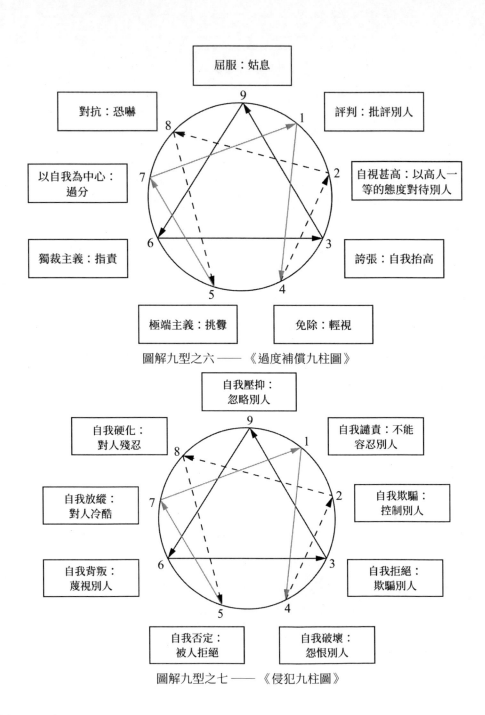

圖解九型之六 ——《過度補償九柱圖》

圖解九型之七 ——《侵犯九柱圖》

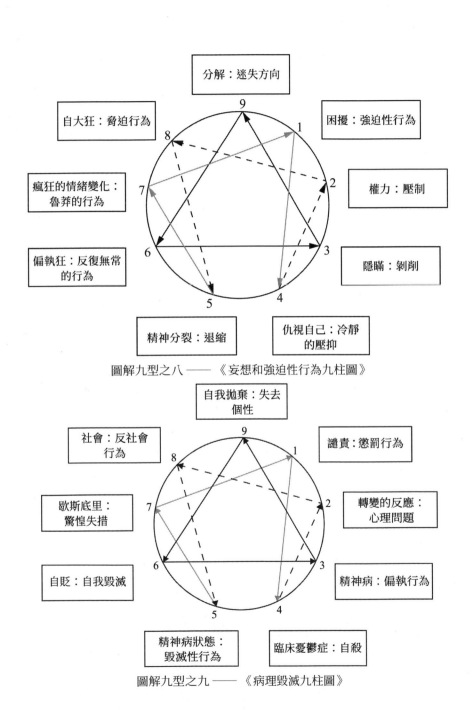

圖解九型之八 —— 《妄想和強迫性行為九柱圖》

圖解九型之九 —— 《病理毀滅九柱圖》

附錄四　9 種情感層級圖

　　早在 1400 多年前，9 種人格類型的劃分就在西方口頭流傳，直到西元 1960 年代，奧地利人奧斯卡·伊茲查洛（Oscar Ichazo）的將九型人格圖表化，並公之於眾，自此，九型人格開始在世界範圍內蔓延。九型人格的 9 種情感特徵，也是智利心理學家奧斯卡·依察諾康結列出來的，還為這九種性格分別起了 9 種名字，下面的圖解九型之四一直到圖十二，就是奧斯卡·伊茲查洛所製作和使用的九柱圖。從此以後，結合早期葛吉夫對九型人格主要特徵的描述，一個相對完整的九型人格體系就呈現在我們面前。

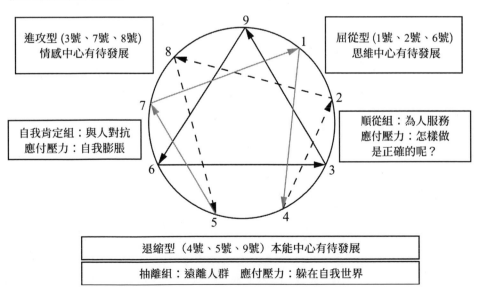

圖解九型之一《9 種性格有待發展的中心圖示》

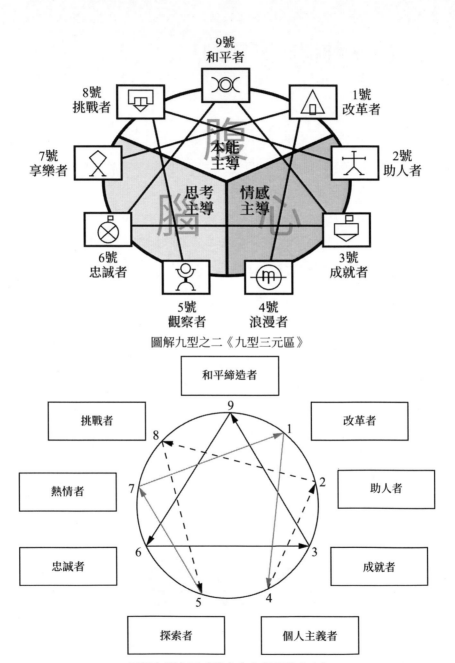

圖解九型之二《九型三元區》

圖解九型之三《整合方向與解離方向》

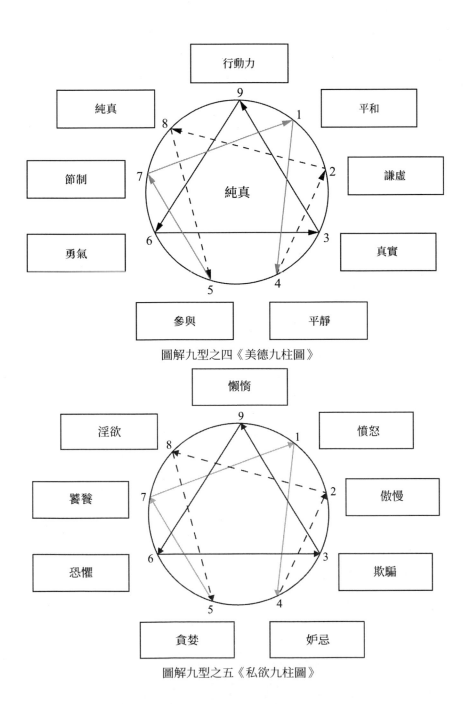

圖解九型之四《美德九柱圖》

圖解九型之五《私欲九柱圖》

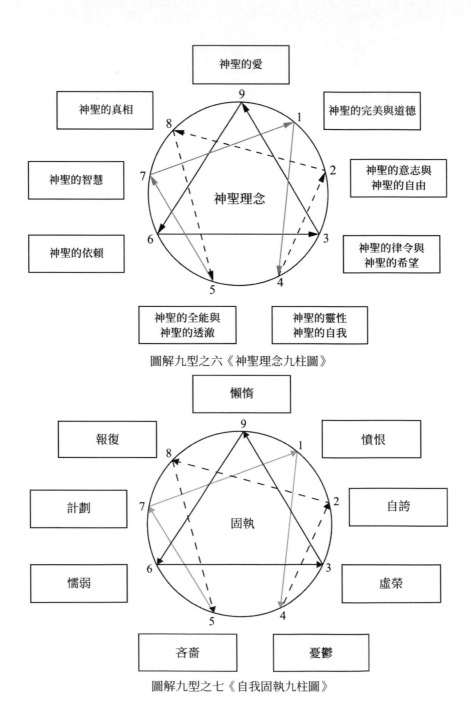

神聖的愛

神聖的真相

神聖的完美與道德

神聖的智慧

神聖的意志與
神聖的自由

神聖理念

神聖的依賴

神聖的律令與
神聖的希望

神聖的全能與
神聖的透澈

神聖的靈性
神聖的自我

圖解九型之六《神聖理念九柱圖》

懶惰

報復

憤恨

計劃

自誇

固執

懦弱

虛榮

吝嗇

憂鬱

圖解九型之七《自我固執九柱圖》

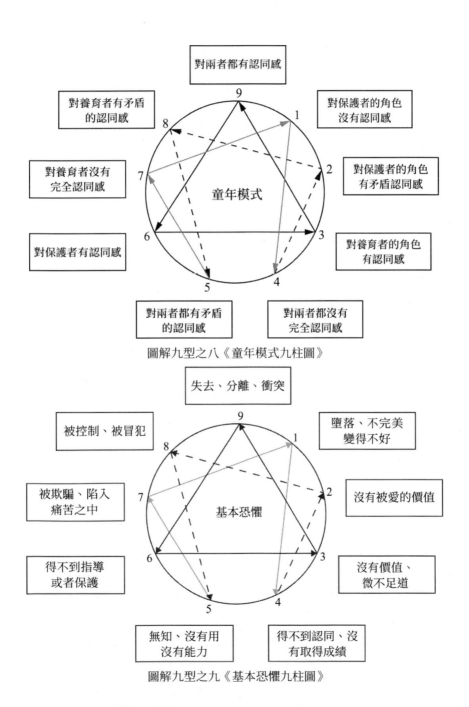

圖解九型之八《童年模式九柱圖》

圖解九型之九《基本恐懼九柱圖》

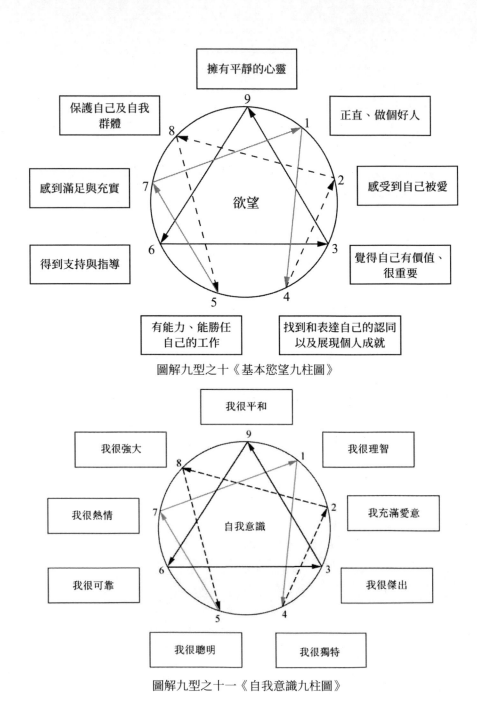

圖解九型之十《基本慾望九柱圖》

圖解九型之十一《自我意識九柱圖》

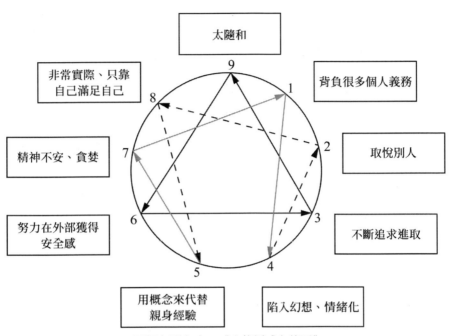

太隨和

非常實際、只靠
自己滿足自己

背負很多個人義務

取悅別人

精神不安、貪婪

不斷追求進取

努力在外部獲得
安全感

用概念來代替
親身經驗

陷入幻想、情緒化

圖解九型之十二《人格誘惑九柱圖》

附錄五　心理障礙與轉變圖

　　以下是將九型人格應用於心理健康、心理疾病和如何治療所得到的幾幅九柱圖，最後一幅是治療需要關注的基礎活動和參考措施。

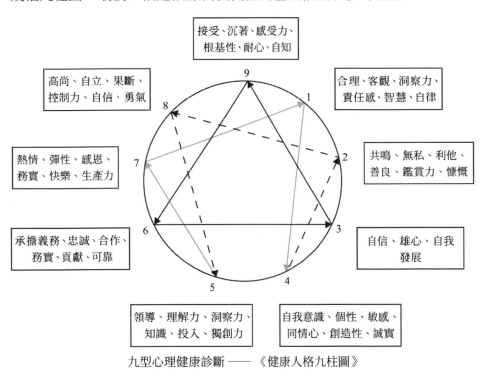

九型心理健康診斷 ——《健康人格九柱圖》

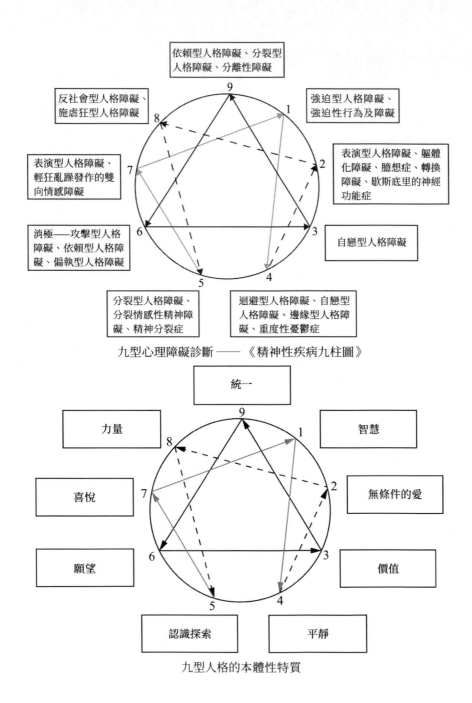

九型心理障礙診斷 ——《精神性疾病九柱圖》

九型人格的本體性特質

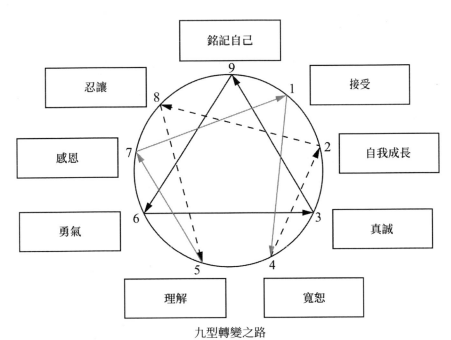

九型轉變之路

不同類型人的基礎活動與關注和治療措施參照表

類型	基礎活動與關注	進一步的治療措施參照資訊
第一型	培養平靜的頭腦	釋放悲傷，處理感情，尤其是沮喪和憤怒的感情
第二型	培養平靜的頭腦	釋放被身體壓抑的能量，尤其是被壓抑的需要和敵對情緒
第三型	開放心靈	釋放悲傷，處理感情，尤其是自卑和羞怯感
第四型	關注身體	重塑被扭曲的思維模式和情感，尤其是對自己和他人的負面解讀
第五型	關注身體	釋放悲傷，處理感情，尤其是抗拒和無力感
第六型	培養平靜的頭腦	重塑被扭曲的思維模式和情感，尤其是由焦慮和計劃帶來的緊張情緒
第七型	開放心靈	釋放被身體壓抑的能量，尤其是被壓抑的悲傷和懊悔
第八型	開放心靈	重塑被扭曲的思維模式和情感，尤其是對恐懼和脆弱的回避情緒
第九型	關注身體	釋放被身體壓抑的能量，尤其是被壓抑的憤怒和恐懼

領導力的金鑰，九型人格的管理地圖：
洞悉多元性格，實現精準管理

作　　者：汪華健

發 行 人：黃振庭

出 版 者：財經錢線文化事業有限公司

發 行 者：財經錢線文化事業有限公司

E-mail：sonbookservice@gmail.com

粉 絲 頁：https://www.facebook.com/sonbookss/

網　　址：https://sonbook.net/

地　　址：台北市中正區重慶南路一段六十一號八樓 815 室

Rm. 815, 8F., No.61, Sec. 1, Chongqing S. Rd., Zhongzheng Dist., Taipei City 100, Taiwan

電　　話：(02)2370-3310

傳　　真：(02)2388-1990

印　　刷：京峯數位服務有限公司

律師顧問：廣華律師事務所 張珮琦律師

定　　價：420 元

發行日期：2024 年 03 月第一版

◎本書以 POD 印製

Design Assets from Freepik.com

國家圖書館出版品預行編目資料

領導力的金鑰，九型人格的管理地圖：洞悉多元性格，實現精準管理 / 汪華健 著 . -- 第一版 . -- 臺北市 : 財經錢線文化事業有限公司, 2024.03

面；　公分

POD 版

ISBN 978-957-680-811-1(平裝)

1.CST: 領導者 2.CST: 組織管理 3.CST: 人格類型

494.2　　113002665

電子書購買

臉書

爽讀 APP

獨家贈品

親愛的讀者歡迎您選購到您喜愛的書，為了感謝您，我們提供了一份禮品，爽讀 app 的電子書無償使用三個月，近萬本書免費提供您享受閱讀的樂趣。

ios 系統	安卓系統	讀者贈品

請先依照自己的手機型號掃描安裝 APP 註冊，再掃描「讀者贈品」，複製優惠碼至 APP 內兌換

優惠碼（兌換期限2025/12/30）
READERKUTRA86NWK

爽讀 APP

📖 多元書種、萬卷書籍，電子書飽讀服務引領閱讀新浪潮！

🎧 AI 語音助您閱讀，萬本好書任您挑選

🔍 領取限時優惠碼，三個月沉浸在書海中

🔔 固定月費無限暢讀，輕鬆打造專屬閱讀時光

不用留下個人資料，只需行動電話認證，不會有任何騷擾或詐騙電話。